SHODENSHA
SHINSHO

大人のための「恐竜学」

小林快次／監修
土屋　健／著

祥伝社新書

監修者まえがき

子どもたちがもつ恐竜の知識の多さには驚かされます。「恐竜は、だれもが一度は通る道」というと言い過ぎかもしれませんが、知り合いから「私の子どもが、恐竜が好きで……」ということをよく聞きます。そういった子どもたちの興味は限界がなく、スポンジが水を吸い込むように次々と恐竜の名前や情報を吸収していきます。

その子どもたちに合わせ、そして親の面子《めんつ》をかけて、恐竜を調べるようになった人も少なくありません。ただ、残念ながら子どもたちには負けてしまうのが実状なのです。また、「小さいとき、恐竜が好きでした。この前、偶然恐竜の番組を見たのですが、最近の恐竜像は昔図鑑で見たものとずいぶんちがうのに驚きました」という声もよく聞きます。

私はここ数年、NHKラジオの「夏休み子ども科学電話相談」に毎年、出演しています。番組の名前通り、子どもからファックスやメールで質問を募集し、それぞれの分野の専門家がラジオで答えるというものです。

電話口で子どもから直接質問を聞いて答えますが、子どもたちは実によく恐竜のことを知っています。私は単に質問に答えるだけではなく、逆に子どもたちに質問することがあります。

それらの質問に、いとも簡単に答えてしまう子どもたち。スラスラと恐竜の名前を言う子どもたちに、呆気《あっけ》にとられる出演中の他分野の先生方。ラジオという公共の場でありながら、私と質問してきた子どもは、恐竜という架《か》け橋でコネクトされ、二人の世界に入ってしまうのです。「恐竜の質問をする子たちは、本当に詳しいですね！　それに元気がいい‼」と他の先生から声が上がります。

今日、恐竜の本は数多く出ています。とくに図鑑は充実し、多くの出版社から出版されています。これらの図鑑は〝子ども向き〟と思いがちでしょうが、最新情報がかなり詰め込まれています。子どもたちはこの〝子ども向き〟である恐竜図鑑を片手に、一生懸命、名前を覚え、最新情報を手に入れているのです。こんな子どもたちに、大人がかなうはずがありません。

一方で、大人になった私たちが、恐竜の最新情報を知ろうと思っても、図鑑を読んで調べるのも何か恥ずかしい。大人にとって、恐竜を改めて知ろうと思っても、意外にそういう本が少ないことに気づきます。

今回の本は、そういう大人たちのための本です。今さら聞けない恐竜の基本的な疑問から、世界で行なわれている多くの恐竜研究によって日々更新される恐竜の新事実まで。そういう情報を一気に手に入れたい人は、この本が役に立つはずです。

本書は、インターネットで一般（つまりは大人）から恐竜について質問を募《つの》り、それに答えるという、今までにはないものになっています。〝子ども科学電話相談〟ならぬ、いわば〝大人恐竜相談〟です。実際に、ネットを通じていただいた質問だけあって、この本を読んでいくと「私も不思議に思っていたんだよね！」や「へ～、知らなかった」と、自然に声が出てくるはずです。

どこか私たちには「恐竜は子どもたちのもの」という勝手な先入観がありますが、恐竜は年代や性別に関係なく人を魅了するものであり、私たち大人が楽しめるものでもあります。この本を読んで、恐竜を〝勉強〟するのではなく、現在の恐竜の新事実というものを楽しんでいただければと考えています。そして、本書から得た知識で、私がラジオで体験していているような世代を超えた子どもたちとの〝コネクション〟も体験していただけたらと思います。

2013年9月

小林快次《こばやしよしつぐ》

大人のための「恐竜学」◎目次

第1章 そもそも恐竜って何？
――知っていると役立つ！ 基本知識

第2章 恐竜はどのように進化してきたのか？
——その祖先と未来

第3章 恐竜のカラダはどうなっている？
――そのしくみと能力

第4章

恐竜のライフスタイル
——食事から子育てまで、ここまでわかった！

第5章 もっと知りたい！　恐竜豆知識

——最強・最大の恐竜からヘンな恐竜まで

恐竜イラスト（すべて小田隆・画）

図版作成：篠宏行、土屋香
恐竜シルエット作成：土屋香

第1章　そもそも恐竜って何？

——知っていると役立つ！　基本知識

Q そもそも「恐竜」って何?

どのような動物を「恐竜」というのでしょう?

答えから先に書いてしまうと、近年では次のように決められています。

「トリケラトプスと鳥類の最も近い祖先から生まれたすべて」

これが恐竜の学術的な定義です。……とはいえ、正直なところ、これでは堅苦しい。そこで、この定義を分解してみましょう。

まず、「トリケラトプス」という単語があります。これは恐竜の名前の一つで、学名では「*Triceratops*」と書きます。大きなフリルと、太くて長い2本のツノ、小さくて短い1本のツノをもつ四足歩行の植物食恐竜です（43ページイラスト）。全長（鼻先から尾の先まで）8メートルほど、肩の高さが2・5メートルほどになります。現生のアフリカゾウの体長（鼻先からお尻まで）が7・5メートルほど、肩高が2・4〜4メートルほどですから、ほぼ同じ大きさです。

なぜ、数ある恐竜の中でトリケラトプスだけがここに名前を挙げられているかといえば、トリケラトプスが最もよく知られた恐竜の代表格だからです。そして、このトリケラトプスに代表される恐竜を「鳥盤類《ちょうばんるい》」と呼びます。

鳥盤類とは、鳥のものとよく似たタイプの骨盤（腰の骨）をもつ恐竜グループで、恐竜全体を二分するグループの一つです。

鳥盤類と並ぶもう一つの恐竜グループは「竜盤類《りゅうばんるい》」です。こちらはトカゲとよく似た骨盤をもっています。竜盤類の代表的な恐竜といえば、「ティラノサウルス（*Tyrannosaurus*）」を挙げることができます（173ページイラスト）。圧倒的なまでの破壊力をもつ顎《あご》、大きな頭部、小さな腕をもつ、全長12メートルほどの大型肉食恐竜です。

しかし恐竜の定義には、ティラノサウルスの名前はありません。かわりにあるのは「鳥類」という言葉です。実は近年の研究によって、鳥類は恐竜の1グループであることが明

図1-1 「恐竜」とは？

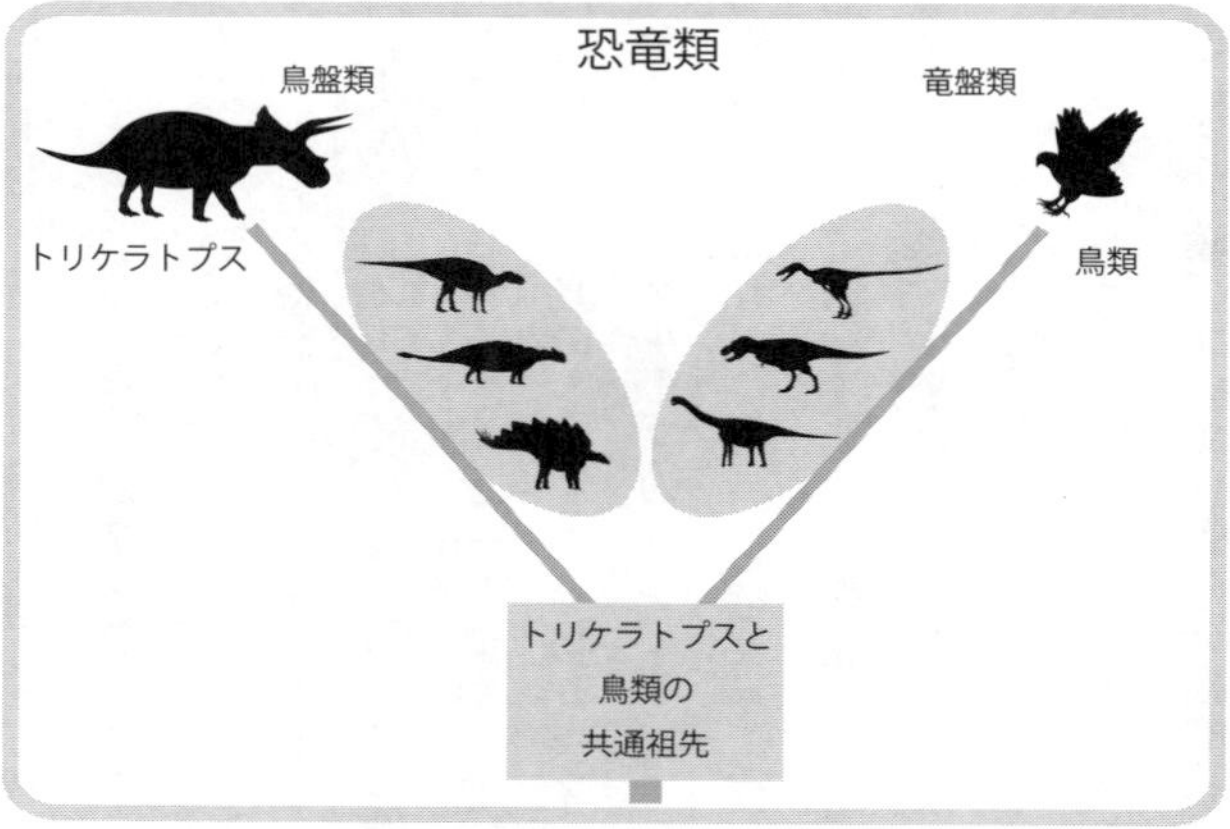

らかになっています（詳しくは40ページ「恐竜にはどんなグループがいたの？」で解説します）。鳥類は竜盤類に属し、その中で最も進化型といえます。つまり、トリケラトプスが鳥盤類の進化を代表する存在なら、鳥類は竜盤類の進化を代表する存在なのです。ここでいささかややこしいのは、鳥盤類という言葉には「鳥」という文字が入ってはいるものの、鳥類とは関係しないということです。

つまるところ、恐竜という動物は、「鳥盤類」と呼ばれる動物たちと、「竜盤類（鳥類を含む）」と呼ばれる動物たちで構成されていることになります（図1－1）。

では、鳥盤類とは何なのでしょう？　竜盤

図1-2　恐竜の足の付き方

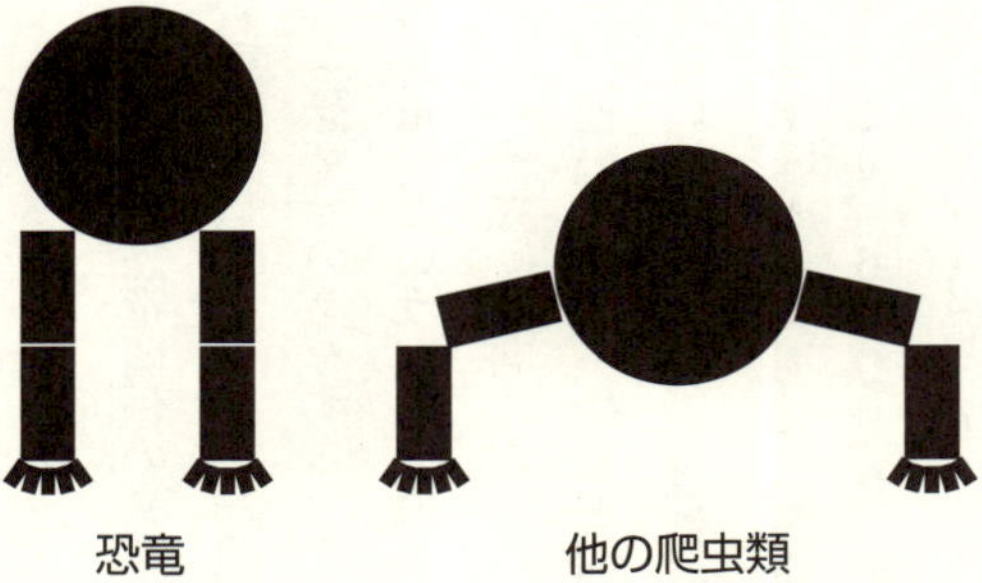

恐竜と他の爬虫類のちがい。恐竜は体の真下に足がのびるが、その他の爬虫類は側方にのびる（例外もある）。

類は？

……ということになるでしょうが、この解答については40ページで詳しく説明することにします。この二つのグループに共通していえることは、両方とも陸上を歩いていた爬《は》虫類《ちゅうるい》であるということです。

そして、大事な点がもう一つ。

鳥盤類も竜盤類も、両方とも、足がまっすぐ体の下にのびています。同じ爬虫類であっても、例えばワニやカメ、トカゲなどは、足はまず側方《そくほう》へ突き出ています（図1－2）。

つまり、「恐竜とは何か？」という問いに対して「簡単に」答えるのであれば、次のように言うことができます。

「(恐竜とは)体の下に足がまっすぐのびた爬虫類」

さて、近年の恐竜関係の文章のお約束事として、ここで一言断わっておく必要があります。冒頭に書いたとおり、鳥類は恐竜の一部です。したがって、読者のみなさんがイメージする「恐竜」の話をするときに正確を期《き》するのであれば、「鳥類以外の恐竜」とか、「非鳥類型恐竜」という言葉を使うことが望ましいといえます。

しかし「恐竜」と書くたびにこうした文言を付け加えると、少々煩雑《はんざつ》です。そこで、本書では、他の多くの一般書と同じく、「恐竜」という言葉を使うときには、とくに断わりをいれないかぎり、「鳥類以外の恐竜」を指すことにします。

ちなみに、恐竜が生きていた時代を「中生代《ちゅうせいだい》」と呼びます。今から2億5200万年前にはじまり、6600万年前まで続きました。この中生代は古い方から「三畳紀《さんじょうき》(2億5200万年前〜2億1000万年前)」、「ジュラ紀(2億1000万年前〜1億4500万年前)」、「白亜紀《はくあき》(1億4500万年前〜6600万年前)」の三つの時代に分けられています。現在よりもおおむね温暖な気候で、とくに白亜紀は「温室地球期」であったことが知られています。

恐竜が登場したのは、三畳紀後期にあたるおよそ2億３０００万年前のことになります。そして、白亜紀末の６６００万年前に姿を消しました。その間、およそ1億６０００万年間です。分類の基準が異なるので一概に比較はできませんが、人類の歴史は約７００万年といわれています。恐竜がいた期間はその23倍以上にあたります。

図1-3　恐竜が生きた時代

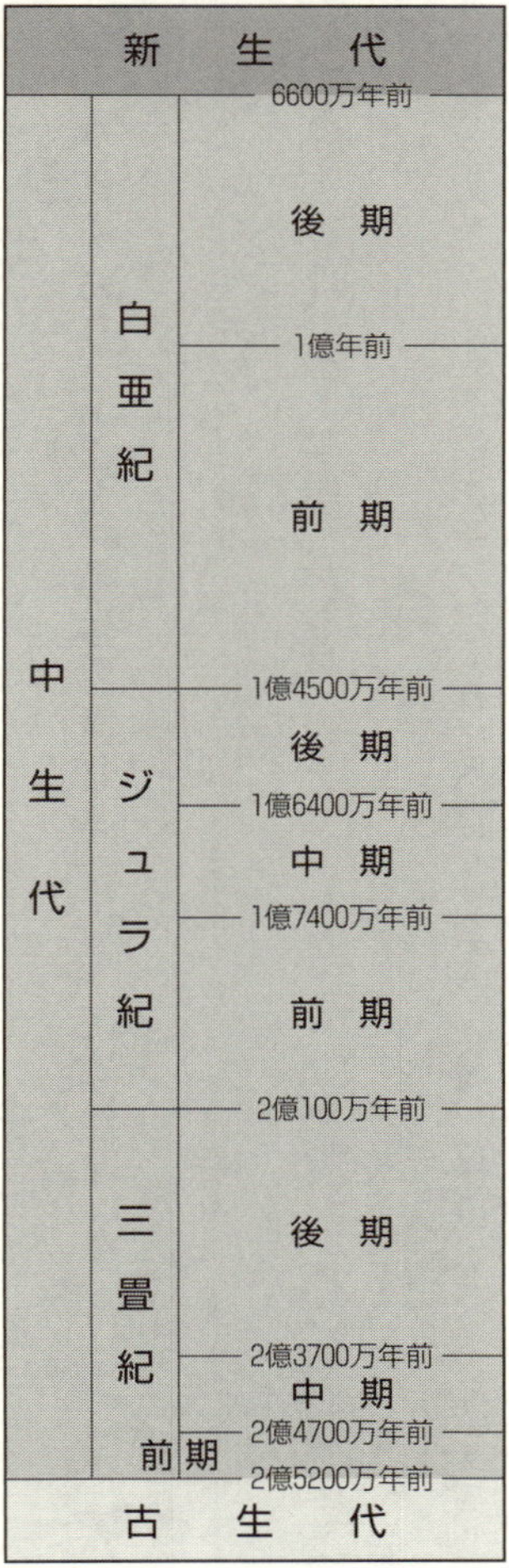

新生代		
		6600万年前
中生代	白亜紀	後期
		1億年前
		前期
		1億4500万年前
	ジュラ紀	後期
		1億6400万年前
		中期
		1億7400万年前
		前期
		2億100万年前
	三畳紀	後期
		2億3700万年前
		中期
		2億4700万年前
		前期
		2億5200万年前
古生代		

Q クビナガリュウや翼竜は恐竜じゃないって本当？

クビナガリュウは、小さな頭、長い首、樽《たる》をつぶしたような胴体に、四つの鰭脚《ひれあし》をもつ海棲《かいせい》動物です（21ページイラスト）。映画『ドラえもん のび太の恐竜』に出てくる「ピー助（フタバスズキリュウ・*Futabasaurus*）」がこれにあたります。一方、翼竜（23ページイラスト）は、さまざまな形の頭部をもち、皮膜でできた翼で空を飛んでいた爬虫類で、有名なものに「プテラノドン（*Pteranodon*）」がいました。

クビナガリュウ類も翼竜類も恐竜ではありません。同様に、イルカとよく似たスタイルをもつ魚竜類、ウミトカゲともいわれるモササウルス類なども恐竜ではありません。

先の質問の「そもそも『恐竜』って何？」で紹介した一文を再掲しましょう。

「（恐竜とは）体の下に足がまっすぐのびた爬虫類」

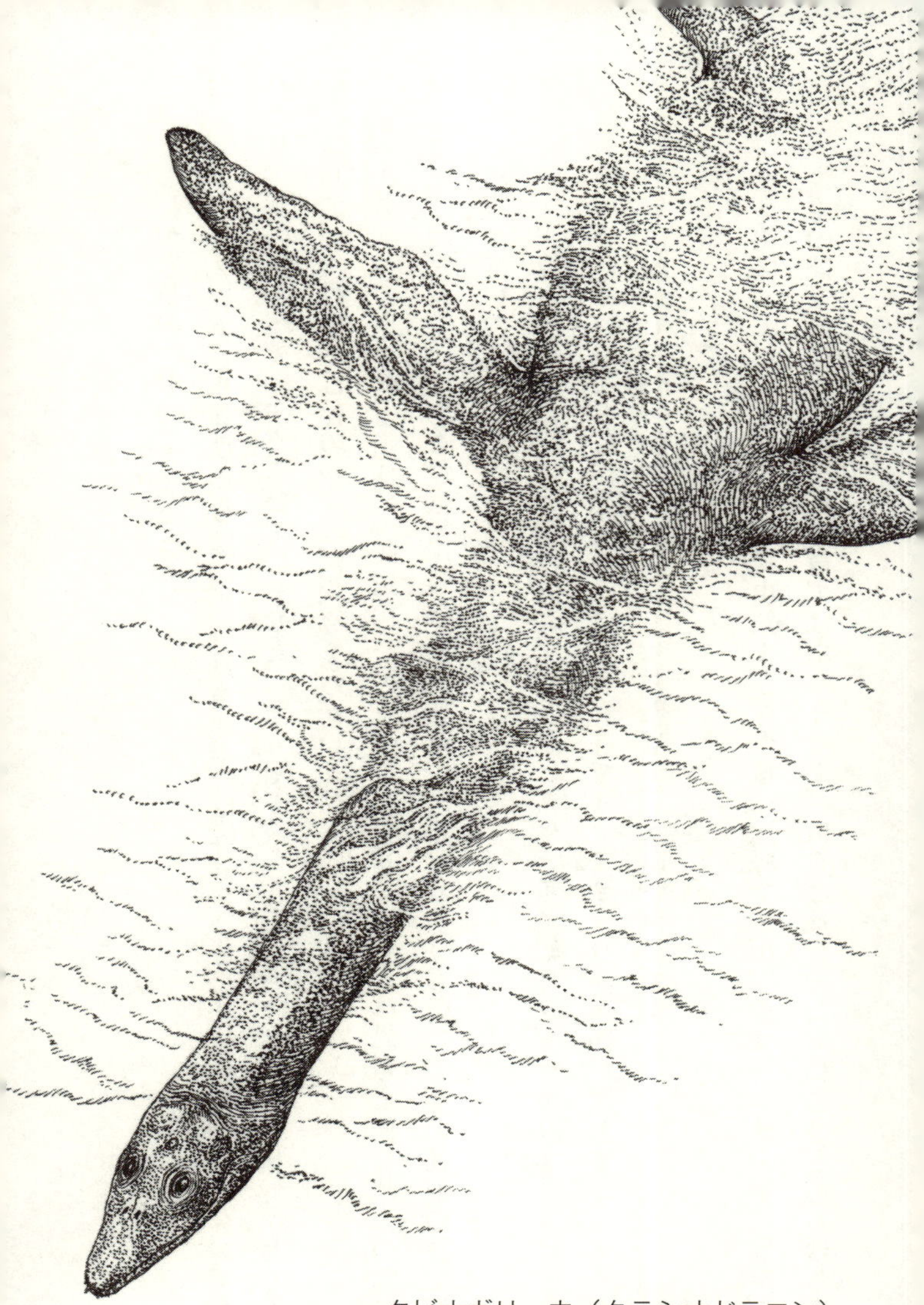

クビナガリュウ（タラシオドラコン）

これが恐竜の一般的な説明です。

まず、クビナガリュウ類をはじめ、魚竜類や、モササウルス類は足が鰭脚となっており、体の真下へまっすぐのびていません。そもそも彼らの生活圏は水中であり、陸上で生活していた恐竜とは体のつくりが大きくちがいます。

この三つの海棲爬虫類は、「爬虫類」ですから、祖先をたどれば恐竜と同じ陸上の動物です。ただし少なくとも魚竜類は、陸上に恐竜が出現するよりも前に、その初期の種が海に出現していたことがわかっています。

では、彼らがどのくらい恐竜に近縁なのかといえば、魚竜類やクビナガリュウ類は、トカゲやカメやワニよりも、恐竜からは遠い存在です。モササウルス類に関しては、トカゲとヘビに近縁で、やはりワニやカメよりも恐竜からは遠い存在です。

翼竜類はどうでしょうか？

翼竜類は、ここに挙げたどの爬虫類よりも恐竜に近縁ですが、やはり「体の下に足がまっすぐのびていない」ので、恐竜ではありません。彼らは飛行のためにありとあらゆる変

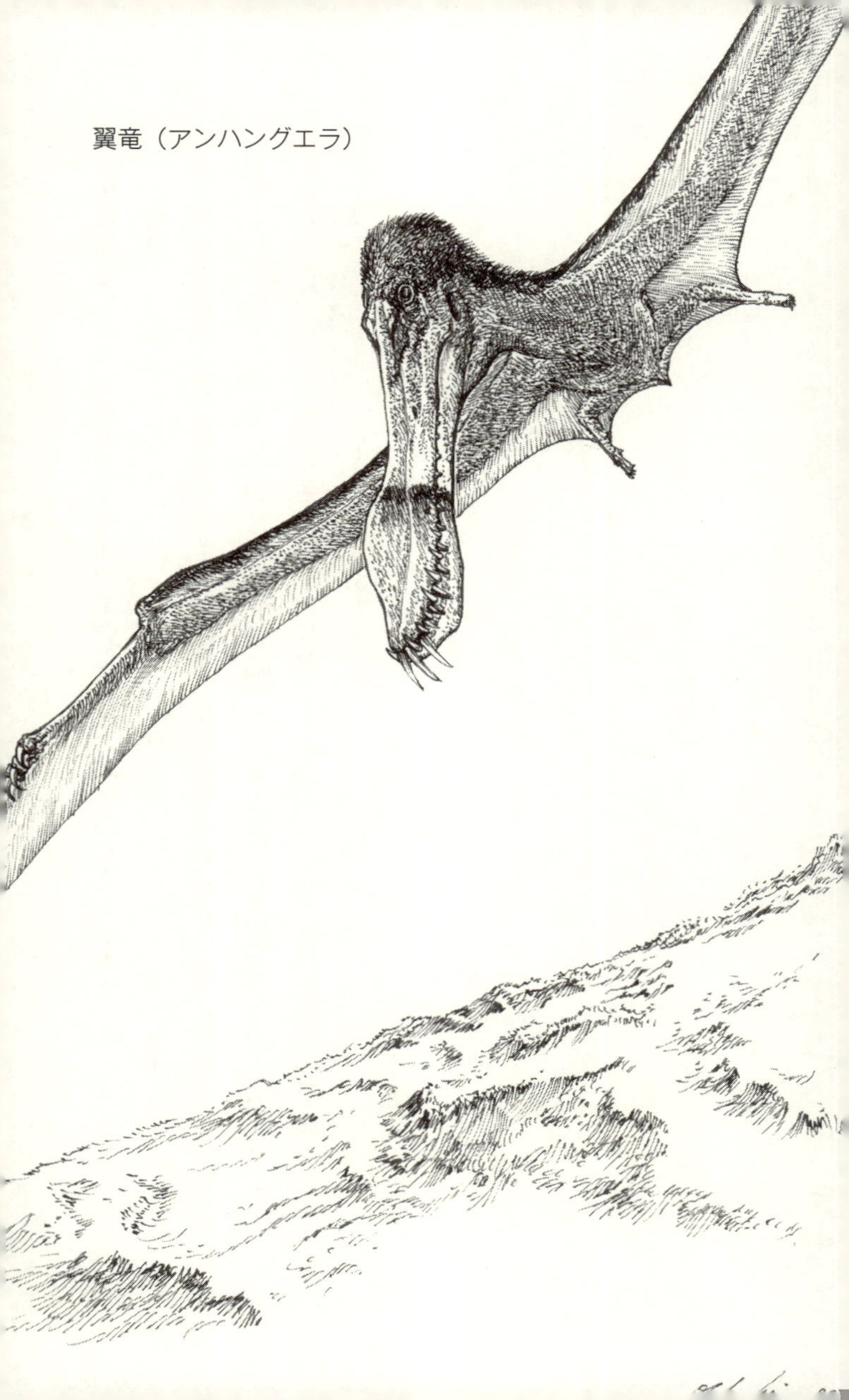
翼竜（アンハングエラ）

化を体に加えており、地上を走り回っていた恐竜とは体のしくみが大きく異なります。

ところで、「クビナガリュウ」という言葉が、「首が長い」ということを連想させることから、首も尾も長い巨大な陸上の恐竜を想像する方が少なからずいらっしゃるようです。首も尾も長い巨大な陸上の恐竜は、「竜脚類《りゅうきゃくるい》」というグループの恐竜たちです。「クビナガリュウ」は、学名の「Plesiosauria」に対する訳語の一つで、同じ意味の単語として「蛇頸竜《だけいりゅう》」、「長頸竜《ちょうけいりゅう》」という言葉があります。

Q 恐竜って、何で「恐」「竜」なの？

「恐竜類」は、学名「Dinosauria」の和訳語です。

このDinosauriaという言葉は、ラテン語で「恐ろしい」という意味の「*deinos*」と、「爬虫類」や「トカゲ」を意味する「*sauros*」という単語から造られています。

Dinosauriaという言葉を造ったのは、19世紀のイギリスを代表する古生物学者リチャード・オーウェンです。オーウェンは、チャールズ・ダーウィンの進化論に反対する立場で論陣を張った人物としてもよく知られています。

オーウェンが「Dinosauria」という動物グループを提唱する前に、三つの〝恐竜化石〟が発見されていました。

最初の発見は1824年のこと。イギリスの聖職者のウィリアム・バックランドが大きな爬虫類の骨を発見しました。バックランドは、その化石に「大きなトカゲ」という意味のラテン語で「メガロサウルス（*Megalosaurus*）」と名づけ、報告しました。同じ頃、医師のギデオン・マンテルとメアリー・アン夫妻は同じように巨大な爬虫類と思われる化石を発見し、その歯がイグアナに似ていたことから、「イグアナの歯」という意味で「イグアノドン（*Iguanodon*）」と名づけました。

さらにマンテルは1833年に新たな種を報告します。その種は「ヒラエオサウルス（*Hylaeosaurus*）」（森林のトカゲ）と名づけられました。これは現在でいうところの鎧竜類《よろいりゅうるい》の仲間になります（恐竜の分類については40ページの「恐竜にはどんなグループがいたの？」を参照）。

メガロサウルス、イグアノドン、ヒラエオサウルスが発見されても、だれもこれらが同じ動物グループであるとは考えていませんでした。爬虫類であるということはわかっていたのですが、この3種をまとめて一つに分類しようとは思わなかったのです。

ここで登場するのがオーウェンです。当時、すでに世界的な古生物学者として名を馳《は》せていたオーウェンは、メガロサウルス、イグアノドン、ヒラエオサウルスに共通し、他の爬虫類にはない点がいくつもあることに気づきます。本章の「そもそも『恐竜』って何？」で紹介した、「体の下に足がまっすぐのびる」という特徴もその一つです。そこでオーウェンは、この三者をまとめ、「Dinosauria」と呼ぶことを提案しました。1842年のことでした。日本でいえば、江戸時代末期の頃の話です。

「*sauros*」（爬虫類・トカゲ）はともかくとして、「*deinos*」（恐ろしい）という言葉を選んだオーウェンの優れたネーミングセンスを感じます。この言葉からイメージされる動物像は、多くの人々の興味関心を高めることに成功しました。

ところで、「Dinosauria」はオーウェンのセンスによって誕生した言葉ですが、これを直訳しても「恐竜」とはなりません。あくまでも「恐ろしいトカゲ」、あるいは、「恐ろしい爬虫類」です。

正直なところ、「恐ろしいトカゲ」や「恐ろしい爬虫類」といった、この訳語はあまり良いとはいえません。「恐爬虫類」って、あまりロマンを感じないと思うのは筆者だけでしょうか。

いったい、だれが、いつ、「*sauros*」を「竜」と言い換える絶妙の翻訳を行なったのでしょう？

日本地質学会が一般向けに刊行している広報誌で、『ジオルジュ』という雑誌があります。このジオルジュの２０１３年前期号で、読売新聞社の笹沢《ささざわ》教一《きょういち》氏が「サウルスを竜と訳した人」というコラムを寄せています。

このコラムによれば、明治24年（１８９１年）に東京帝國大学の小藤《ことう》文次郎《ぶんじろう》教授が「魚竜」、「蛇竜」という言葉を初めて使っているようです。この段階では「恐竜」という言葉はまだできていませんが、「*sauros*」を初めて「竜」として訳した例になるとか。そして、明治28年（１８９５年）に同じく東京帝國大学の横山《よこやま》又次郎《またじろう》教授が著した教科書に、初めて「恐竜」という言葉が登場するとあります。

イギリスのオーウェンが造り、日本の小藤・横山の両教授が絶妙に訳してみせたことで、「恐竜」という言葉が生まれたようです。

Q 恐竜の骨の名称をまとめて教えて

骨の名称は、基本的に恐竜でもヒトでも大きなちがいはありません。大まかに知っておくと、博物館で骨格標本を見る際の役に立つでしょう。

まず、最も基本である構造は、頭骨《とうこつ》と背骨です。これはすべての脊椎動物がもつ最も基本的な構造で、左右対称の構造をしています（30〜31ページイラスト）。

頭骨は「頭蓋骨《とうがいこつ》」でできています。これは一つの骨でできているのではなく、多数の骨で構成されています。ヒトの頭蓋骨にある大きな穴は、眼の穴（眼窩《がんか》）と鼻の穴（鼻腔《びくう》）があるだけですが、恐竜の場合は眼窩の前に「前眼窩窓《ぜんがんかそう》」、眼窩の後ろに「側頭窓《そくとうそう》」という大きな穴があります。

背骨は、場所によって名称が異なります。

首の背骨は「頸椎《けいつい》」です。「頸」は「くび」という意味の漢字です。哺乳類の場合、こ

ティラノサウルスの骨格図

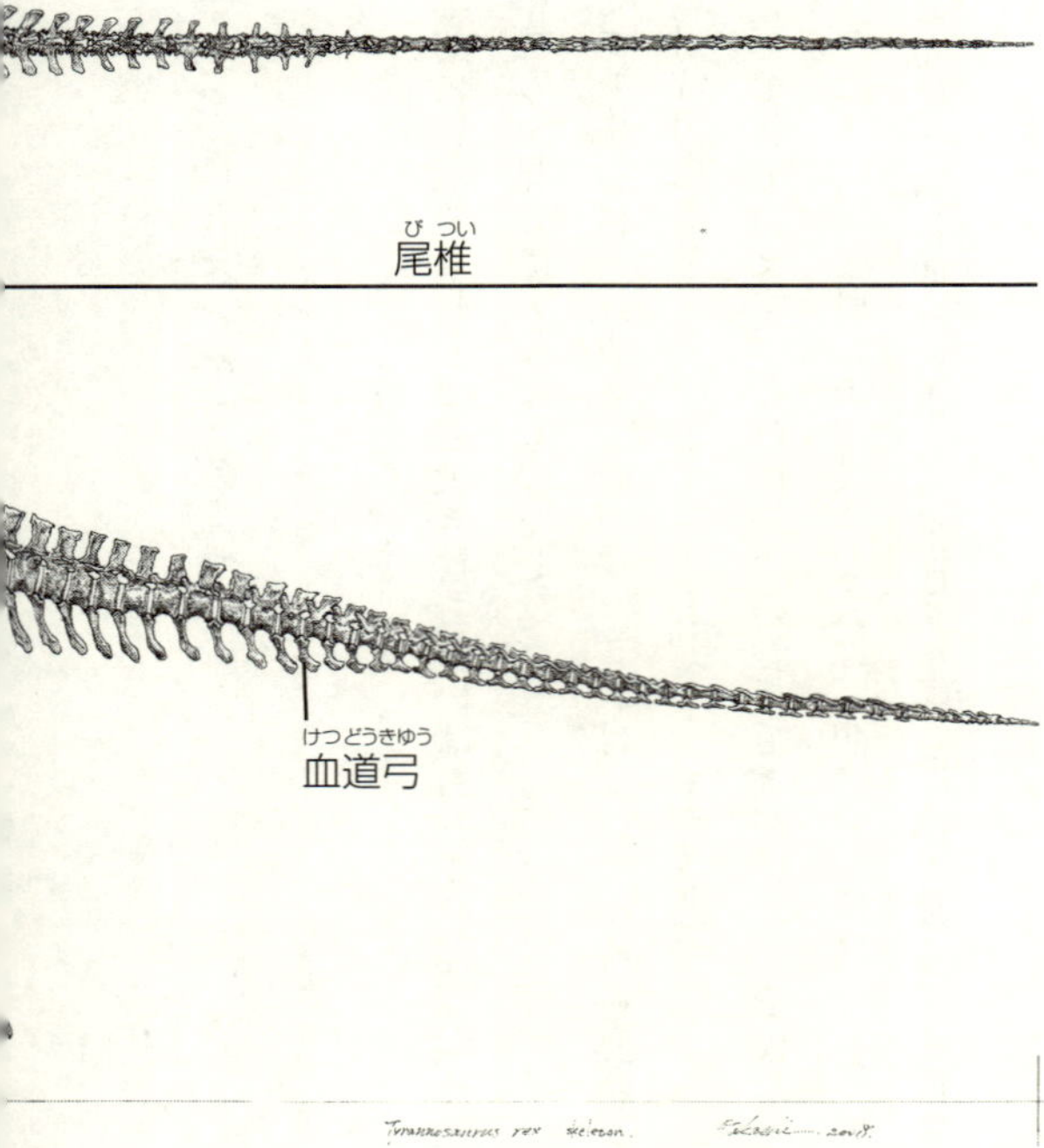

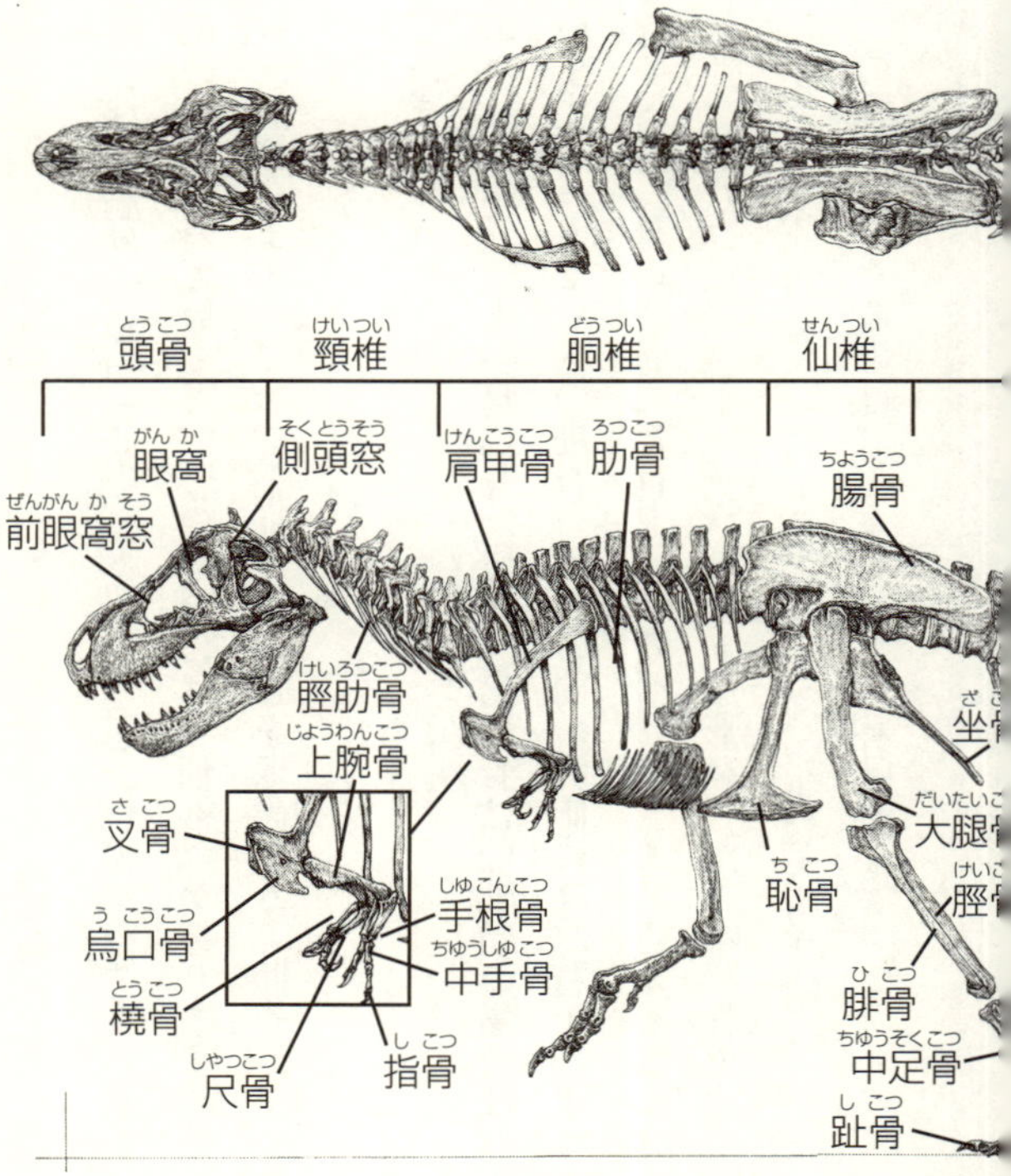
頭骨《とうこつ》
頸椎《けいつい》
胴椎《どうつい》
仙椎《せんつい》
眼窩《がんか》
側頭窓《そくとうそう》
肩甲骨《けんこうこつ》
肋骨《ろつこつ》
腸骨《ちようこつ》
前眼窩窓《ぜんがんかそう》
脛肋骨《けいろつこつ》
上腕骨《じようわんこつ》
叉骨《さこつ》
烏口骨《うこうこつ》
手根骨《しゆこんこつ》
中手骨《ちゆうしゆこつ》
橈骨《とうこつ》
指骨《しこつ》
尺骨《しやつこつ》
恥骨《ちこつ》
腓骨《ひこつ》
中足骨《ちゆうそくこつ》
趾骨《しこつ》

の数は基本的に7個ですが、恐竜は種によって異なります。数十個の頸椎をもつ恐竜も珍しくありません。また、恐竜の場合「頸肋《けいろく》」という細くて鋭い骨が各頸椎の下についています。

そして、頸椎には「胴椎《どうつい》」がつながっています。これがいわゆる（狭義の）「背骨」です。そこから尾の方向にみていくと、腰の部分には「仙椎《せんつい》」があります。仙椎の先には尾をつくる「尾椎《びつい》」があります。なお、胴椎には内臓を保護する「肋骨《ろっこつ》」がつながっています。

肩に注目してみましょう。

肩をつくるのは「肩甲骨《けんこうこつ》」と「烏口骨《うこうこつ》」です。烏口骨は哺乳類の場合は肩甲骨に癒合《ゆごう》してなくなっています。一方でヒトの場合、両肩の間の胸側には左右1本ずつの「鎖骨《さこつ》」があります。少なくとも一部の恐竜には同じような骨があったことがわかっています。ただし、それは「叉骨《さこつ》」といって、ブーメランのような形をした1本の骨です。

その先は、「1本－2本－5本」という数字がポイントになります。

いわゆる「二の腕」をつくるのは、1本の「上腕骨《じょうわんこつ》」です。

上腕骨の先には2本の骨があって、前腕をつくっています。親指側を「橈骨《とうこつ》」、小指側を「尺骨《しゃっこつ》」といいます。橈骨の「橈」は、舟を漕《こ》ぐオールのことで、その形に基づいています。尺骨の「尺」は単位に由来します。大人のヒトの尺骨が、だいたい1尺（約30センチメートル）の長さだったということです（もちろん人によって長さは異なります）。

手首をつくる骨は、手の根っこということで「手根骨《しゅこんこつ》」です。その先に手のひらをつくる「中手骨《ちゅうしゅこつ》」、その先に指の骨である「指骨《しこつ》」があります。この指の骨は基本は5本ですが、種によって退化して2本であったり、3本だったりします。

背骨を尾の方向にみていくと、腰の部分には「仙椎」があります。そして、この仙椎を軸としている骨が「骨盤《こつばん》」です。

骨盤は、「腸骨《ちょうこつ》」、「恥骨《ちこつ》」、「坐骨《ざこつ》」の三つの骨から構成されています。このうち、腸骨が仙椎をおおうようにあり、恥骨と坐骨は下方へのびます。実はこの恥骨の向きが、恐竜を分類する最も基本的な特徴で、恥骨が前にのびているグループを「竜盤類」、後ろにのびているグループを「鳥盤類」と呼びます。なお、恐竜の恥骨はずいぶん目立ちますが、実際のその役割は筋肉の付着面です。何らかの動作に関わっていたとみられていますが、実際の細かな役割についてはよくわかっていません。

骨盤の先も、腕と同じように1本－2本－5本、と覚えるとよいでしょう。まず、太も（腿）の骨である1本の骨、「大腿骨《だいたいこつ》」です。これは、すべての骨の中で最も長い骨です。そして、前腕に2本の骨があるように、大腿骨の下にも2本の骨があります。親指側が「脛骨《けいこつ》」、小指側が「腓骨《ひこつ》」です。脛骨の方が太く、体重の大半はこちらで支えられています。「脛」とは、「すね」という意味です。

その先も、基本的には〝手の骨の足版〟です。手でいうところの手根骨に相当するのが、「足根骨《そっこんこつ》」、中手骨に相当するのが「中足骨《ちゅうそくこつ》」、指骨に相当するのが5本の指をつくる「趾骨《しこつ》」です。中足骨は、いわゆる「足の甲」をつくる骨ですが、恐竜の場合はこれが立ち上がっています。そのため、踵《かかと》が接地しません。

また視線を背骨に戻すと、仙椎の先には尾をつくる「尾椎《びつい》」があります。尾椎の下にあるのは、V字型の「血道弓《けつどうきゅう》」という骨です。

ここで紹介したのは、比較的大きな骨の名称で、実際には頭蓋骨を中心にもっとさまざまな名称があります。

Q 恐竜の種数はどのくらいあった?

まず、「種数」とはどの数を指すのかを整理しておきましょう。

そもそも「種名」とは、「属名+種小名」で構成されています。基本的には私たち日本人の名前と同じで、姓と名があるようなものです。属名が姓にあたり、種小名が名にあたります。

私たちは、例えば職場や学校で人の名前を呼ぶときは、「姓」を使う場合が圧倒的に多いです。「山田さん」、「鈴木さん」というように。同じく恐竜の名前も、一般的には属名を使うことが多くなります。しかし厳密にその人を区別する場合には、「山田太郎さん」、「鈴木花子さん」と「名」を足した姓名(フルネーム)を使います。このフルネームにあたるのが種名です。

山田さんに家族があり、山田太郎、山田二郎、山田さくらといった個々人の名前があるように、同じ属の中にも複数の種がある場合があります。例えば、ティラノサウルス属には「ティラノサウルス・レックス（*Tyrannosaurus rex*）」しかいませんが（1属1種）、トリケラトプス属には「トリケラトプス・ホリダス（*Triceratops horridus*）」と、「トリケラトプス・プロルスス（*Triceratops prorsus*）」という2種の恐竜がいます。山田家の人々がみんな似ているように同じ属の恐竜はよく似ており、研究者でなければ見分けがつかない場合もあります。なお、こうした分類は必ずしもすべての研究者の合意が得られているわけではありません。

さて、前置きが長くなりましたが、ここからが本題です。質問は「恐竜の種数」ということですので、例えばトリケラトプスだけで2種いることになります。このことを踏まえた上で、2004年に刊行された恐竜学の教科書的な存在である『The Dinosauria』（University of California Press）には、800～900の種が掲載されています。その後、年間15～20種の新種が報告されてきているので、2013年現在では約1100～1200の種数が確認されていることになります。ちなみに、一般的に「種類」を指すのに使われる「属数」に関しては、同じく2004年のデータで560

図1-4　恐竜の種数は増えているか？

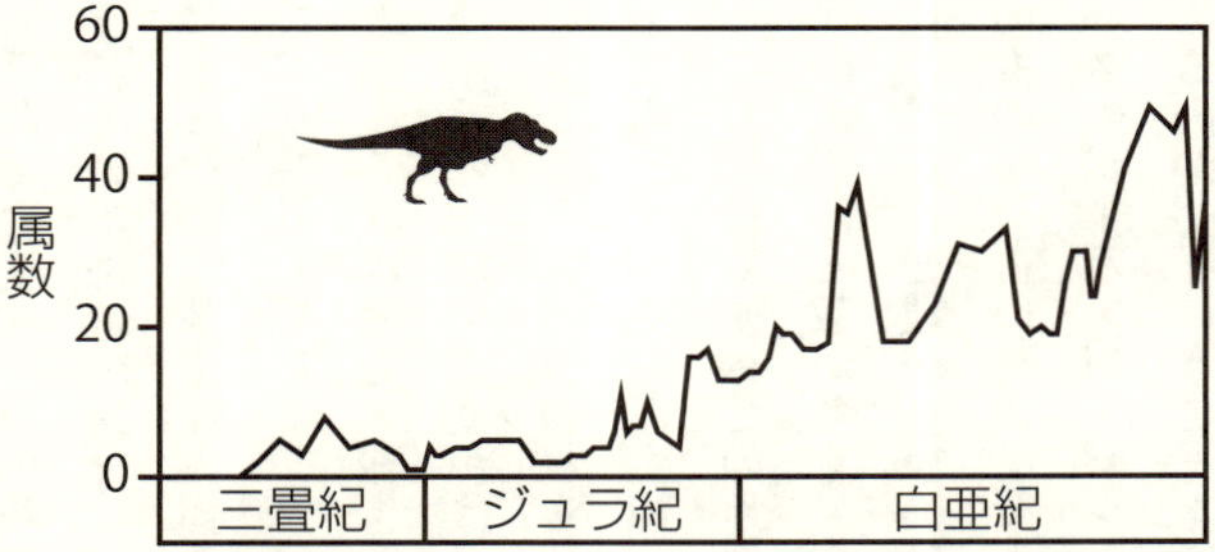

中生代の地層から化石が発見されている獣脚類の数（属数）のグラフ。時代が進むにつれて、徐々に数が増えているようにみえる。

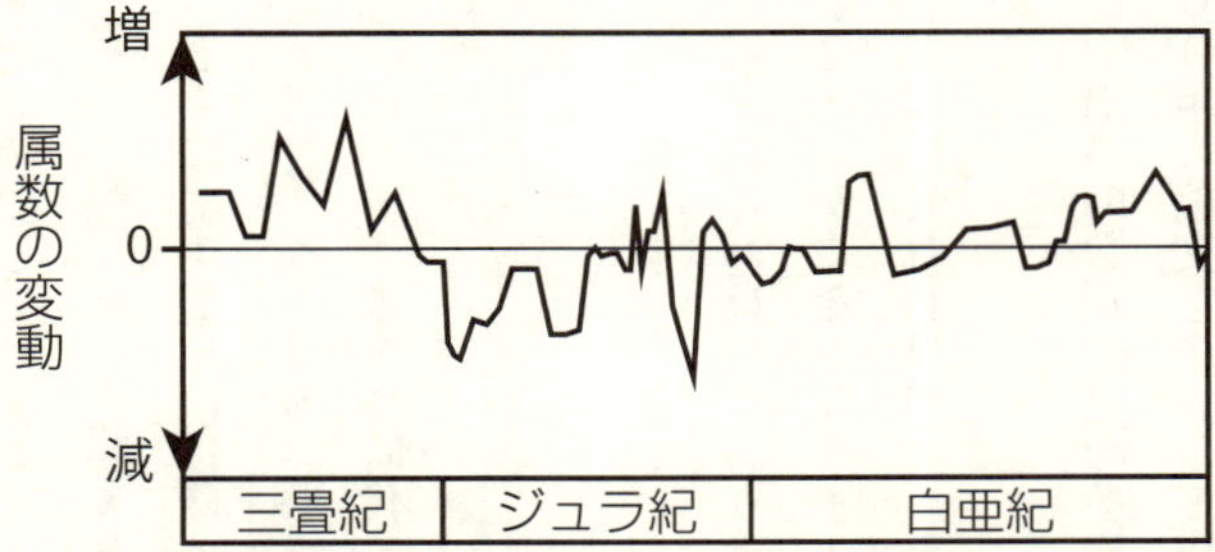

地層の数を考慮して、上の獣脚類の属数の変動を描き直したグラフ。多少の増減があるものの、全体としては増加も減少も傾向がない。

（上下ともに、Barrett, et. al., 2009 を参考に制作）

属が報告されています。この数値もその後の研究で増加しています。

発見されている恐竜の数は、三畳紀《さんじょうき》よりもジュラ紀、ジュラ紀よりも白亜紀《はくあき》と、時代が進むにともなって多くなる傾向があります。とくに約1億年前以降の白亜紀後期には、これまでに発見されている全恐竜属数の約4割が集中しています（図1‐4上段）。

もっとも、これは発見・報告されている恐竜の数です。本当に時代を追うごとに恐竜の種数が増えていったかどうかは定かではありません。

「どういうこと？」と思われる読者もいることでしょう。

恐竜を含め、すべての古生物の化石は地層から産出します。しかし、地球が誕生して以降、すべての時代のすべての地層が均等に残されているわけではありません。基本的に新しい時代の地層ほど数が多く、古い時代の地層ほど数が少なくなります。したがって、新しい時代の恐竜ほど数が多いのは「当たり前」ともいえるわけです。その化石を産出する地層そのものが、古い時代よりも多いのですから。

イギリスのポール・M・バレット博士たちは、地層の数が恐竜の多様性にどのような影響を与えるのか、ということを研究し、2009年に論文を発表しています。この論文によれば、必ずしも時代を追うごとに恐竜の多様性が上昇したわけではないことが示されています（図1－4下段）。発見されていないだけで、どの時代にも白亜紀後期と同じように多くの恐竜がいた可能性があるわけです。

Q 恐竜にはどんなグループがいたの？

恐竜は、骨盤の形で「竜盤類」と「鳥盤類」に大きく分けられる、と14ページの「そもそも『恐竜』って何?」で書きました。また、33ページでは、骨盤の形について簡単に説明しました。

竜盤類も鳥盤類もさらにいくつかのグループに分けられます。

竜盤類からみていきましょう。

竜盤類には、「獣脚類」と「竜脚形類」というグループがあります。

獣脚類は、すべての肉食恐竜が所属するグループです。ただし、このグループに所属するからといって、肉食であるとは限りません。獣脚類の代表種を一つ挙げるとすれば、ティラノサウルスになるでしょう（41ページイラスト）。鳥類もこのグループに含まれます。

竜脚形類は、首の長い植物食恐竜のグループです。このグループ内には「竜脚類」とい

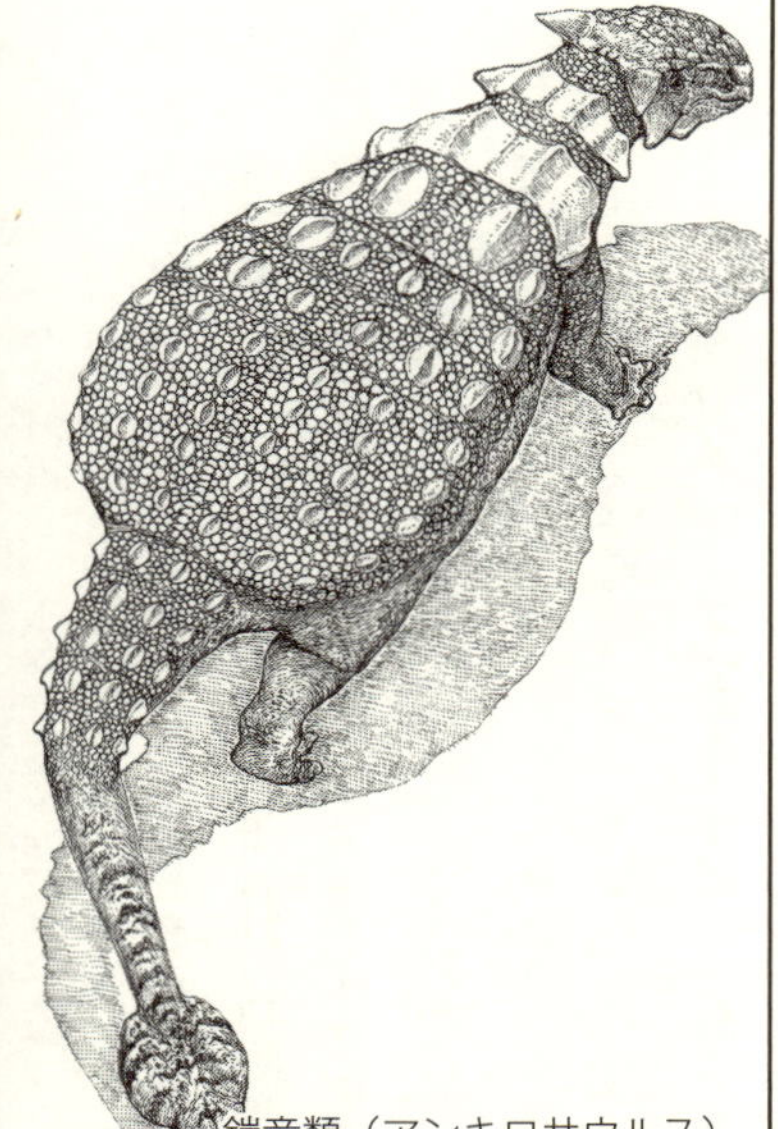

鎧竜類（アンキロサウルス）

獣脚類（ティラノサウルス）

剣竜類（ステゴサウルス）

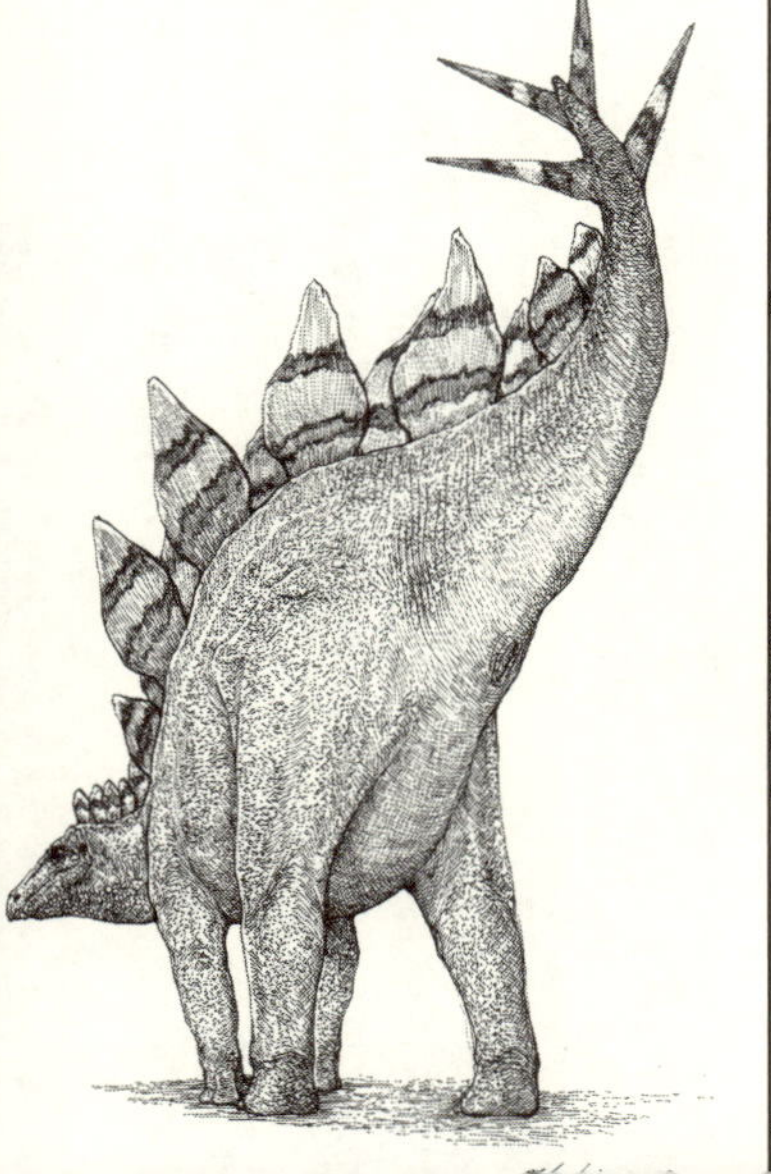

竜脚類（アパトサウルス）

う恐竜たちが含まれており、竜脚類が竜脚形類を代表します。竜脚類は、長い首、長い尾、樽のような胴体をもつ四足歩行の植物食恐竜です。全長20メートルを超える巨大な恐竜もここに含まれています。「アパトサウルス（*Apatosaurus*）」などに代表されます。

鳥盤類には、大きく三つのグループがあります。「装盾類《そうじゅんるい》」、「周飾頭類《しゅうしょくとうるい》」、「鳥脚類《ちょうきゃくるい》」です。

装盾類は、文字通り「盾」となるような「防備」を体に発達させた恐竜たちです。「アンキロサウルス（*Ankylosaurus*）」に代表される「鎧竜類《よろいりゅうるい》」と、「ステゴサウルス（*Stegosaurus*）」に代表される「剣竜類《けんりゅうるい》」がいました。鎧竜類は、背に骨の厚い装甲板が発達し、剣竜類は背に何枚もの骨の板が並びます。ともに四足歩行の恐竜です。

周飾頭類も、文字通りの恐竜たちです。「頭」に何らかの飾りが発達しています。「トリケラトプス」（43ページイラスト）に代表される「角竜類《つのりゅうるい》」と、「パキケファロサウルス（*Pachycephalosaurus*）」（44ページイラスト）に代表される「堅頭竜類《けんとうりゅうるい》」が含まれています。

角竜類は文字通り角をもつほか、大きなフリルも発達していました。四足歩行をします。一方、堅頭竜類は、頭頂部がまるでヘルメットのように膨《ふく》らんだ、二足歩行の恐竜です。

トリケラトプス

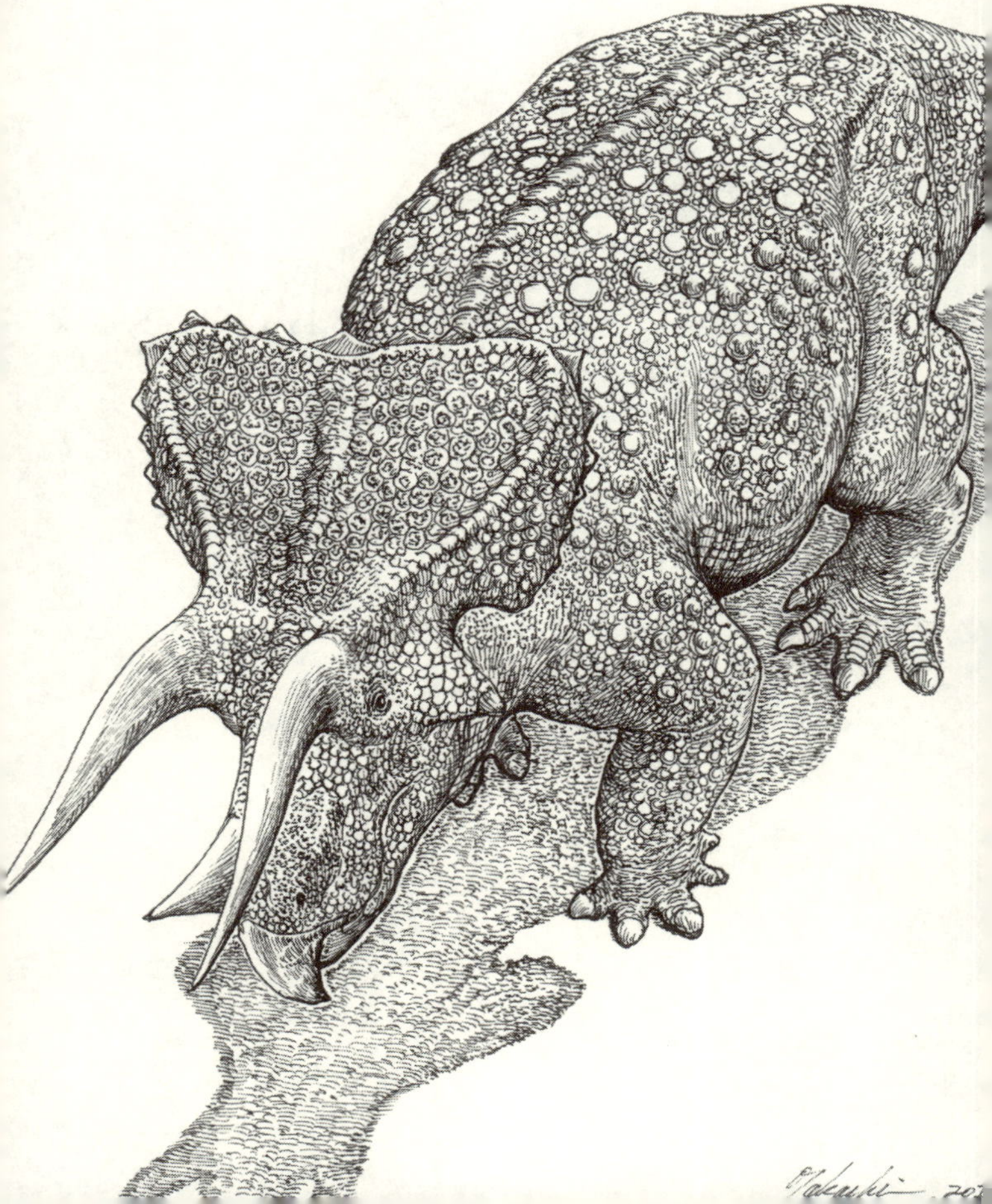

パキケファロサウルス

イグアノドン

鳥脚類は、最も進化した植物食恐竜たちで、歩行をしたり、四足歩行をしたりします。「これといった特徴がない」ことが特徴で、有名な種類といえば、「イグアノドン（*Iguanodon*）」でしょうか（45ページイラスト）。

以上、ここに挙げた8つのグループが代表的な分類群です。

なお、「羽毛恐竜」という名称もあります。これは特定のグループを指したものではなく、近年続々と報告されている「羽毛をもった恐竜」全般を指す言葉です。

Q 新種って、どうやって「新種」と決めているの？

基本的にある化石を発見すると、既存の論文などを参考に種の特定を進めます。

しかし、既存の論文などを探してもどうしても同じ種がない場合、それは新種の可能性があります。その場合、その分野を得意とする研究者に連絡し、「本当に新種かどうか」と相談することも多くあります。

そうやって調査をして、それでも「これは新種だ！」と確信したら、新種報告の論文を書いて、学術誌に発表することになります。有名な学術誌にはイギリスの『Nature』や、アメリカの『Science』などがありますが、他にも数多くの学術誌があります。新種の情報は、世界中の研究者が共有する必要があるので、英語で書くことが望ましいとされます。

論文にはいろいろな情報が盛りこまれます。

まず名前。

名前は勝手に、適当につけて良いわけではなく、国際的な規約が存在します。新たに名づける場合には、まだ使用されていないことはもとより、「その生物の特徴を表わすこと」や「語呂が良いこと」が望ましいとされます。

しかし、実際にはこれは「望ましい」というレベルで、基本的には未使用の名前であれば、命名者が自由に名前をつけることができます。産地を表わしたり、研究でお世話になった人の名前をつけたり、なかには自分の妻の名前をつけるという人もいます。研究者のセンスが試されるところです。なお、論文中にはその名前の由来を書くところもあります（「Etymology」と言います）。

その他、新種を報告する上で、基準となる標本を指定したり、どこで発見されたのか、といったことなどもまとめていきます。一番重要なのは、「記載（Description）」の部分で、その標本の特徴を事細かに記します。

そして最後に図版を載せることが基本です。図版には、さまざまな角度から撮影した多くの写真が使われます。

こうして書かれた論文は学術誌の審査（「査読」と言います）を経て、公表されます。

恐竜をはじめとして、すでに滅んだ動物が対象のときは、その標本が本当に新種なのかどうか、というのは非常に悩ましいものです。もちろん、明らかに新種とわかる場合も少なくないのですが、既存の報告種と少しだけちがった場合、「個体差」「性別差」「年齢差」などのさまざまな要素を考慮しなければいけないからです。まして、恐竜の場合は全身が発見される例が稀《まれ》です。

そこで、化石の研究を進めていると、「実はAという種とBという種が同一種だった」ということが起きます。186ページで紹介しているトリケラトプスと「トロサウルス（*Torosaurus*）」の例が、最近の代表例ですね。

本当に同じ種だとわかった場合には、学名は一つに統一されます。優先権をもつのは先に名づけられた方です。ただし、先につけられた名前がほとんど使われておらず、あとにつけられた名前の方があまりにも有名になった場合などは、この「先取権」はあてはまりません。

Q 同じ恐竜なのに、いくつも読み方があるのはなぜ？

たしかに最も有名な恐竜である「*Tyrannosaurus*」にも、日本語ではいくつもの書き方（読み方）があります。

最も多いのは「ティラノサウルス」という読み方ですが、「ティランノサウルス」という読み方もありますし、「ティラノザウルス」、「チラノサウルス」、「チラノザウルス」などと読んでいる場合もあります。どれも同じ恐竜を指しています。

これは種名をラテン語で記述するという決まりがあり、その読み方が人によって異なることが原因です。ちなみに、本書は縦書きなので少しわかりづらいかもしれませんが、種名は斜体で記述するというのも決まりごとです。これは、英語媒体を考えると当然のことで、日本語の文章でこそアルファベットが入ってくると目立ちますが、英語の文章では斜体になっていない限り、それが普通の単語なのか、種名なのかわかりません。斜体にしないで「Tyrannosaurus」のように、アンダーラインをひく場合もあります。

さて、読み方が多数あるのは、先に書いたようにラテン語をどのように日本語で記述するかということによります。

率直にいえば、どれが正しいというのではなく、書き手の読み方次第で変化します。ティラノサウルスはその代表的な例です。英語読み、ドイツ語読み、ローマ字読み、など、読み方によって変化します。

他の例といえば、恐竜ではなく、翼竜の代表である「*Pteranodon*」の例があります。ローマ字読みでは「プテラノドン」ですが、英語読みでは「テラノドン」になります。研究者によっては、英語圏で通用する読み方を重視する場合も多く、その研究者が監修ないし協力した書籍では、「*Pteranodon*」を「テラノドン」と書いています。

他にも、地名等を優先させて読んでいる場合もあります。例えば、竜脚類に「*Nigersaurus*」という恐竜がいます。これをローマ字的に「ニゲルサウルス」と読むこともありますが、「ニジェールサウルス」と読むと「ああ、ニジェール（国名）でみつかった恐竜なのだな」とわかります。「名は体を表わす」というわけで、種名にはさまざまな意味がこめられており、その意味を汲《く》むことを優先させる場合もあります。

このように、日本語の読み方の背景にはいろいろな事情があります。「?」と思われたら、ぜひ、学名（アルファベット）をチェックしてみてください。学名の由来など、思わぬ発見があるかもしれません。なお、本書では、各章の初出で日本語読みと学名を併記しています。

Q 小さな骨の破片で、恐竜の種が特定できるのはどうして？

発見されたのは小さな骨の破片であるにもかかわらず、立派な復元図が作成されるのを不思議に思っている方も多いでしょう。

ただ、必ずしも「小さな骨の破片」から、恐竜の種や部位が特定できるとはかぎりません。大事なのは、その種特有の部分がどれくらい残っているかということです。小さな骨の破片しか発見されていなくても、そこに特定の種しかもたない特徴があれば、種を特定できます。一方で、「大きな破片」であっても、種を特定するための情報がない場合もあります。

これは現在の動物をイメージしてもらえれば良いと思います。「長い鼻」という特徴があれば、「ゾウ」と特定することができるでしょう。しかし「灰色の肌」という特徴しかなければ、「ゾウ」かもしれませんが「サイ」かもしれません。でも「キリン」でないことは確かです。実際には鼻や肌の色は化石に残りませんが、このように「種特有」の特徴があればあるほど、候補となる種をしぼりこめるのです。

小さな破片しか化石が発見されていないのに、恐竜の復元像を描くことができるのは、基本的には同じしくみが使われています。

その小さな破片にある情報を読み解くと、その破片がどの恐竜グループのものかを特定できる場合があります。恐竜グループを特定できれば、そのグループに属する、すでに全身像のわかっている近縁種を参考に復元像を描くことが可能なのです。

恐竜に限らず、脊椎動物の化石は全身が揃《そろ》って発見されることは極《きわ》めて稀《まれ》です。実際には、骨一つに基づいて名前がついているような恐竜も少なくありません。

Q 化石はどうやってできるの？ 人工的に短時間でつくれない？

そもそも「化石」とはどのようなものをいうのでしょうか？

日本古生物学会編集の『古生物学事典 第2版』（朝倉書店）から引用してみましょう。

「化石 fossils：地質時代の生物（古生物）の遺骸および古生物がつくった痕跡」

「fossils」という英語は、ラテン語の「fossilis（掘り出されたもの）」に由来します。もともと英語の語源としては「石」にこだわっていません。実際、琥珀《こはく》の中の昆虫や、シベリアの永久凍土の中から発見された冷凍マンモスも「化石」と呼んでいます。同事典では「一般には、1万年前より古い地層中に保存されたもの」と続きます。

さて、ここでは恐竜の化石のでき方をまとめてみましょう。

何らかの理由で死んだ恐竜の遺骸が、まず短時間で砂や泥に埋もれる必要があります。あまり時間がかかると、他の動物に食べられるなどして骨が破壊されることがあるからです。

そして、地中に埋もれている間に、骨の成分が周囲の鉱物に置き換わることで、いわゆる「化石」になるのです。恐竜の場合は、短くとも6600万年という途方もない時間を経て化石になっています。

では、化石は人工的に短時間でつくれるのでしょうか？

これは正直なところ「わからない」のです。

例えば、恐竜化石の場合、地中に埋まっていた6600万年の間に何があったのかが厳密にいえばよくわかっていません。先ほどの文章で「骨の成分が周囲の鉱物に置き換わることで」と書きましたが、その作用が具体的にどのような条件下で働いているのかは明らかになっていないのです。

そこで、こうした化石化の過程を解き明かそうとする研究も行なわれています。

第2章

恐竜はどのように進化してきたのか？

――その祖先と未来

Q 恐竜の祖先はどんな動物？

一言に「恐竜の祖先」といっても、いろいろな動物を挙げることができます。恐竜は爬《は》虫類《ちゅうるい》の一グループです。そこで、「爬虫類の中で最も原始的な動物」を挙げれば、それはトカゲのような姿をしていました。また、「陸上動物」という視点で考えれば、今から4億年ほど前に初めて陸にあがった、のっぺりとした両生類を祖先として挙げることができます。「脊椎動物」という視点でみれば今から5億2000万年ほど前の、親指大の小さな魚が候補となるでしょう。

ここでは、「恐竜」が出現する直前の祖先である「恐竜形類（Dinosauromorpha）」を紹介しましょう。

恐竜形類は、小型の爬虫類で構成されるグループで、ワニや翼竜よりも恐竜に近い存在です。三畳紀の世界中に生息し、恐竜とも共存していました。大きさは全長1～2メート

プロロトダクティルス

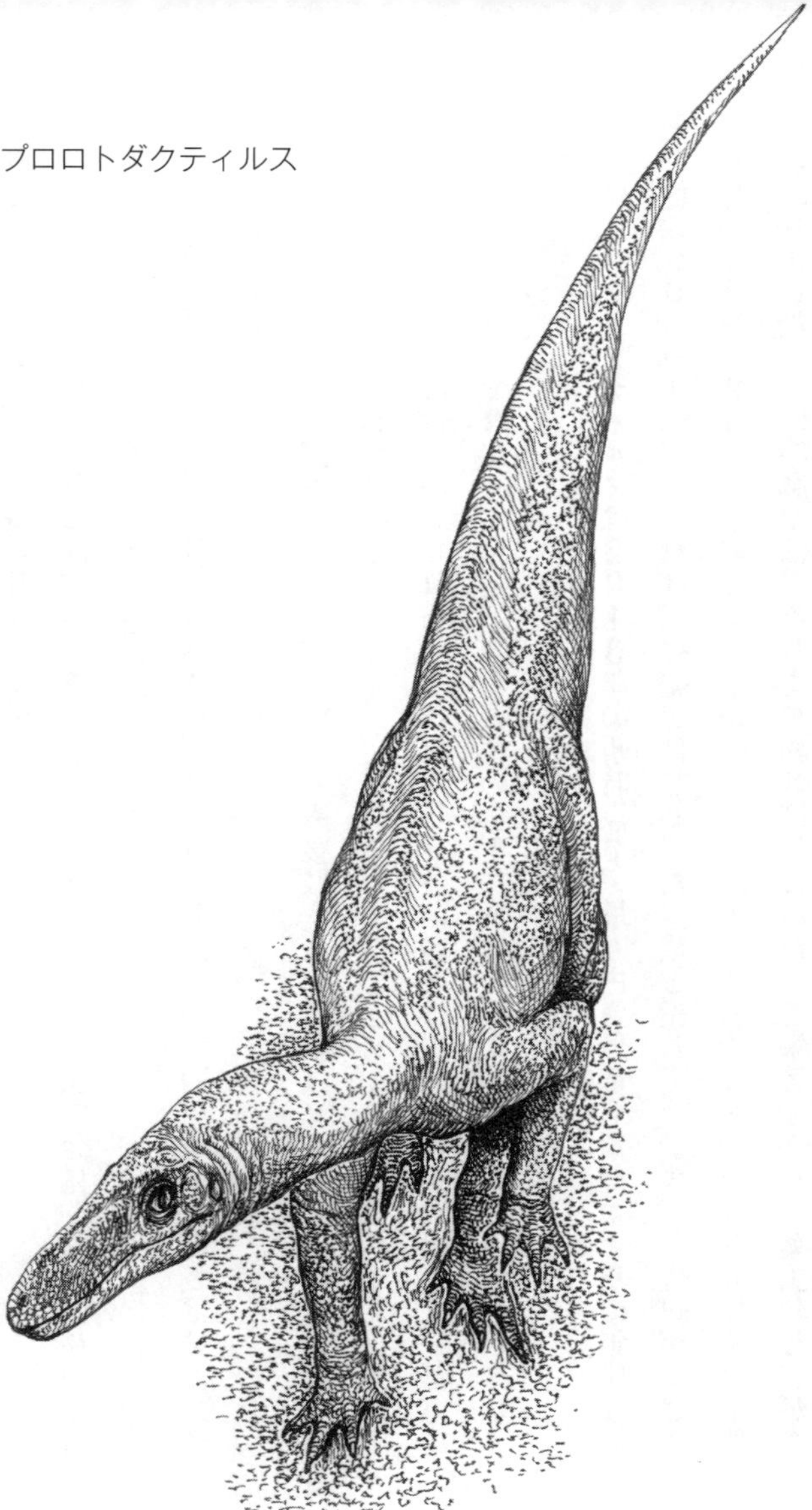

ルほどで、小さな頭と細身の体が特徴的です。

とくに注目されているのは、ポーランドのホーリークロス山脈で発見された足跡の化石です。「プロロトダクティルス（*Prorotodactylus*）」（59ページイラスト・足跡から想定した想像図）と名づけられたこの足跡化石は複数確認されており、一つの足跡の大きさは2センチメートルから4センチメートルほどでした。

この足跡を詳しく調べたところ、前肢よりも後肢が長い、猫ほどの大きさの四足動物がつけていたことがわかりました。「四肢の異様に長いトカゲ」をイメージしてもらえれば、その姿がいちばん近いかもしれません。ただし、その四肢は現在の爬虫類のように側方に突き出ているのではなく、恐竜のように体の真下に近い位置にのびていたとみられています。

プロロトダクティルスは2013年の現時点で、最も古い恐竜形類です。その年代は約2億5000万年前で、これは三畳紀がはじまった直後を指しています。三畳紀がはじまったのは2億5200万年前です。その直前に生命史上空前絶後といわれる大量絶滅事件がありました。この絶滅では、それまで約3億年にわたって栄えてきた三葉虫類などが姿を消しました。生物界全体でみたときの絶滅率は海中で9割、陸上でも7割をこえるとされます。プロロトダクティルスは、その絶滅直後の世界を知るための大事な手がかりでもあるのです。

ちなみに、プロロトダクティルスを含むポーランドの足跡化石については、アメリカのスティーブン・L・ブルサッテ博士たちが研究を進め、時間を追うごとに足跡のサイズが大きくなっていたことを報告しています。

Q 最初の恐竜は、どんな姿をしていた？

最初期の恐竜化石は、アルゼンチンのイスチグアラスト州立公園で発見されています。今からおよそ２億３０００万年前のものです。時代としては、三畳紀後期のものになります。

イスチグアラスト州立公園で発見されている恐竜は２０１３年現在で７種類です。なかでも有名なのは、「エオラプトル（*Eoraptor*）」でしょう。この学名に「暁《あかつき》のハンター」という意味があるほどで、１９９１年の発見以来、最初期の恐竜の代表的な存在としてよく知られてきました。口先から尾の先までの全長は１メートルほど。現在の動物でいえば、ちょっとした中型犬か、小柄な大型犬程度の大きさの恐竜で、二足歩行をしていました。小さな頭と比較的長い首、尾が特徴的です。近年の研究で雑食性だったことがわかっており、竜脚形類の原始的な存在だったとみられています。

エオドロマエウス

最初期の恐竜は、多少のちがいこそあれ、どれも姿はよく似ています（もちろん、例外はあります）。のちのジュラ紀や白亜紀の恐竜にみられるような巨大さや、武装などの〝個性〟はほとんど確認できません。しかし、よく見ると体の構造にちがいがあり、表面的な姿になっていないだけで、すでに多様化がはじまっていたことがわかっています。

例えば、２０１１年に報告された「エオドロマエウス（*Eodromaeus*）」（63ページイラスト）という恐竜がいます。エオドロマエウスはエオラプトルとよく似た大きさで、よく似た姿の恐竜ですが、肉食性であることがわかっています。さらに、首の骨には空洞があることもわかっており、これはのちの獣脚類や鳥類に共通する特徴です（90ページ参照）。

興味深いのは、エオラプトルやエオドロマエウスなどの初期の恐竜がみな二足歩行であるということです。これに対して、その祖先にあたるプロロトダクティルスのような恐竜形類は四足歩行でした（前の質問参照）。恐竜はその進化において、四足から二足へと移り変わり、そして四足へと移り変わった（〝戻った〟）種がいたことになります。なお、二足歩行と四足歩行のちがいについては、84ページの「二足歩行の恐竜と、四足歩行の恐竜の最大のちがいとは？」もご覧ください。

Q 恐竜はいつからあんなに大きくなったの？

大きな恐竜といえば、竜脚類です。

長い首と長い尾、太い四肢と樽《たる》のような胴体をもつ彼らの仲間には、25メートルをこえるものも珍しくありませんでした。また、獣脚類の仲間にも、「ティラノサウルス（*Tyrannosaurus*）」に代表されるように、10メートル超級の種類がいました。

こうした〝大型の恐竜〟は、いつ出現したのでしょうか？

前の質問「最初の恐竜は、どんな姿をしていた？」で紹介したように、およそ2億3000万年前の最初期の恐竜はけっして大きくありません。しかし、それからすぐに大型の恐竜が出現しはじめます。

例えば、2億1000万年前の地層からは、「レッセムサウルス（*Lessemsaurus*）」という全長18メートルの竜脚形類の化石が発見されています。竜脚類ほどではありませんが、

アロサウルス

スピノサウルス

長い首と長い尾をもっていました。このように、三畳紀後期の時点で、大型化のはじまりをすでに確認することができます。

今から1億6000万年ほど前頃のジュラ紀後期になると中国の地層から「マメンチサウルス（*Mamenchisaurus*）」という全長30メートル超級の竜脚類の化石が発見されています。また、およそ1億5000万年前のジュラ紀最末期のアメリカの地層からは、全長20メートルをこえるさまざまな竜脚類の化石が産出します。

一方、獣脚類では、同じアメリカの地層から発見される「アロサウルス（*Allosaurus*）」（66ページイラスト）という恐竜が、全長10メートル超の大型種です。ジュラ紀後期には、ほぼ同じサイズの獣脚類が世界のいくつかの地域で発見されています。彼らは、基本的には大きな頭をもつ肉食恐竜ですが、ティラノサウルスなどとくらべれば、スリムで華奢《きゃしゃ》でした。

ちなみに獣脚類の中で「最大」といわれる恐竜は、「スピノサウルス（*Spinosaurus*）」（67ページイラスト）というエジプトで発見された恐竜です。スピノサウルスは、背に大きな帆をもち、頭部はワニのような魚食恐竜で、映画『ジュラシック・パークⅢ』に登場することで知られています。その全長は14メートルとも18メートルともいわれています。

スピノサウルスが生息していたのはおよそ1億年前の白亜紀の半ばになります。有名なティラノサウルスはおよそ7000万年前の白亜紀最末期の恐竜で、この頃になるとティラノサウルスと同クラスの獣脚類が世界中にいました。

Q 恐竜はなぜ滅びたの？ 鳥類や哺乳類はなぜ生き残ったの？

恐竜絶滅に関して最も多くの研究者に支持されているのは、小惑星衝突説です。

もともとは、１９８０年にアメリカのルイス・アルヴァレズ博士とウォルター・アルヴァレズ博士が提唱した仮説です。ちなみにこの二人は親子で、父親のルイスは物理学者、息子のウォルターは地質学者でした。白亜紀末と古第三紀末の境界（K/Pg境界）の地層に「イリジウム」という、地球表層にはほとんど含まれていないはずの元素が異常なほどの割合で濃集していたことが小惑星衝突の証拠として挙げられました。地球表層にないものがある。そのことを説明するために、地球外からの飛来物に原因を求めたのでした。


小惑星衝突による恐竜絶滅のシナリオは、シンプルにいえば次のようなものです。

巨大な小惑星が地球に衝突すると、地殻表層がはぎとられ、大量の粉塵《ふんじん》となって大気中に舞い上がります。この粉塵はあまりにも細かいので、大気中に長期間にわたって滞留し、日光を遮《さえぎ》ることになります。すると、植物の生育が思わしくなくなり、まずは植物食の動物たちが、そしてそうした植物食動物を食べていた肉食の動物たちが姿を消す、というものです。恐竜はこの連鎖によって滅んだと考えられています。

1980年のアルヴァレズ親子の仮説提唱以後、多くの研究者による議論と検証が進められました。反論も数多く出ましたが、衝突説を補強する証拠も次々に発見されました。メキシコ、ユカタン半島とその沖で1991年に発見された直径170キロメートルにおよぶクレーターもそうした証拠の一つです。2010年には、さまざまな専門分野の41人もの研究者が名を連ねて、「K/Pg境界の絶滅は小惑星衝突が原因」という論文を改めて発表しました。

では、この小惑星衝突はどれほどの規模だったのでしょう?

襲来した小惑星の大きさは、直径10キロメートルほどだったと計算されています。これは、東京中央部の環状線「山手線」の長径に匹敵する大きさです。つまり、山手線で囲まれた都市部と同じかそれ以上の大きさの小惑星が衝突したことになります。

衝突時に放出されたエネルギーは、広島型原爆の10億倍ともいわれます。この衝突にはじまる気候変動のシナリオは、前述したとおりです。このとき、気温は10℃低下したと計算され、このことは「衝突の冬」と呼ばれています。

衝突の冬で絶滅したのは、恐竜だけではありません。クビナガリュウなどの海棲爬虫類や、アンモナイトなどの無脊椎動物も姿を消しました。

なぜ、鳥類や哺乳類が生き残ったのか？

実は鳥類や哺乳類もこのとき大打撃を受けており、けっして〝無傷で乗り切った〟とは言い切れない状況にありました。

鳥類も、哺乳類も、実は白亜紀にはそれなりの多様性をもっていました。しかし、このときの大絶滅事件で彼らの多様性は大幅に減少しています。鳥類に関してはまだ細かなデータはありませんが、哺乳類に関しては白亜紀に生息していた多くのグループが滅び、有《ゆう》胎盤類《たいばんるい》（現在の哺乳類の主流）、有袋類《ゆうたいるい》（カンガルーなど）、単孔類《たんこうるい》（カモノハシなど）だけが生き延びることができました。

彼らがなぜ衝突の冬を生き延びることができたのか？　体のサイズが影響したのではないか、などの仮説はありますが、まだはっきりしたことはわかっていません。

Q 恐竜は本当に絶滅したの？　今はもういないの？

まず大前提として、鳥類は恐竜の一部ですので、その意味では恐竜は絶滅していません（14ページの「そもそも『恐竜』って何？」参照）。現在、地球上には1万種ほどの鳥類が生息しているといわれています。ちなみに、哺乳類の総数は約4500種ですから、鳥類はその倍近い数がいることになります。

鳥類以外の恐竜に関しては、白亜紀末の大量絶滅事件で姿を消した、ということが現在の〝科学の公式見解〟ということになるでしょう。

K/Pg境界大量絶滅事件の100万年後にできた地層から恐竜化石が発見され、ひょっとしたら大量絶滅を生き残った恐竜がいたのではないか、という指摘もありました。しかし、この地層が本当に大量絶滅から100万年後のものなのかどうかという点については議論があり、大量絶滅後に恐竜が生きていた決定的な証拠とはなっていません。

もっとも、ひょっとしたらこれまでに発見されていないだけで実は恐竜の子孫が生きている、という可能性はゼロではありません。

恐竜ではありませんが、シーラカンスの例があります。シーラカンスは「絶滅していたと思われていたけれど、実は生存していた」魚類です。

1930年代までシーラカンスは恐竜とともに白亜紀末に姿を消したとみられていました。それは、古第三紀以降の地層からは化石が発見されず、生きている種も確認されていなかったからです。しかし、1938年に南アフリカ沖で生きているシーラカンスが捕獲され、白亜紀末に絶滅せず、現在までの命脈をつないでいたことがわかりました。

このシーラカンスの例のように、まだ人類は現在の地球のすべてを知っているわけではありません。人類未踏の地に、私たちが認識していない動物がいる可能性は十分あり、しかもそれが恐竜である可能性はゼロではありません。

……という視点に基づいた小説はいくつか出ています。古くはコナン・ドイルの名著『ロストワールド』が有名です。現実は小説より奇なり、と言いますが、さて、恐竜に関して、フィクションがノンフィクションを驚かせる事態は生じるのでしょうか。

Q　映画『ジュラシック・パーク』のように　クローン技術で恐竜をつくることはできる？

恐竜の血を吸った蚊《か》が琥珀《こはく》に閉じこめられていて、その血の中のＤＮＡを調べて復元し、クローンとしての恐竜をつくる。これは、１９９０年に刊行されたマイクル・クライトンの『ジュラシック・パーク』のお話ですね。

では、現実に「クローン恐竜」をつくることは可能なのでしょうか？

まず、２０１３年現時点の科学技術で、血液のＤＮＡから現存していない動物のクローンをつくることは成功していません。しかしここでは、「血液のＤＮＡがあれば、クローン動物はできる」という前提のもとに話を進めてみましょう。

白亜紀当時にも蚊がいたことは化石から判明しているので、蚊の入った琥珀を発見すれば、ひょっとしたらその体内に恐竜の血液が見つかる可能性はあります。

問題は時間です。

仮にその血液が恐竜のものだとしたら、最低でも6600万年の時間を経ていることになります。それは琥珀に閉じこめられてはいますが、けっして冷蔵庫の中などに一定温度で保管されつづけていたわけではありません。そのため、6600万年前のDNAが完全にもとの状態で残っている可能性は高くありません。

2012年にオーストラリアのモルテン・E・アレントフト博士たちが発表した研究では、DNAは521年で当初の半分にまで壊れるとされています。1042年で当初の4分の1、1563年で当初の8分の1……という具合に、どんどん壊れていきます。6600万年経った後では、計算上は多少は残っているものの、ほぼゼロに近い量です。そのわずかな量をどのように生かしていくか。今後の技術発展に期待ですね。

Q もしも恐竜が絶滅していなかったら？

恐竜が絶滅した６６００万年前の白亜紀末には、「ティラノサウルス」のような強力な肉食恐竜がいて、一方で鳥類のように飛行能力をもった恐竜もいました。

もしも、このとき恐竜が絶滅していなかったら？

仮定の話になりますが、中生代のような世界がそのまま続いていたのではないか、というのが一つの見方です。

生態系のトップに立っているのがティラノサウルスではないかもしれませんが、ティラノサウルスにかわる大型で強力な肉食恐竜がいたとみられます。恐竜を含む生態系は、大局的には大きな変化はなかったというわけです。

例えば、白亜紀末の大量絶滅よりも７９００万年前のジュラ紀末にも恐竜は似たような生態系を築いていました。生態系の頂点には、ティラノサウルスより細身ではあるものの、やはりよく似た大型の肉食恐竜である「アロサウルス」（66ページイラスト）が君臨し、植物食恐竜は白亜紀に栄えた角竜類や鳥脚類のかわりに、竜脚類や剣竜類が栄えていました。大型の肉食恐竜に対応するかのように大型の植物食恐竜がいる。これは、どの時代のどの地域にもみられることです。恐竜時代が続いても、この組み合わせに大きな変化はなかったとみられます。

一方で、カナダのデール・ラッセル博士は、恐竜が絶滅していなかったら、人間のような直立二足歩行の「恐竜人間」が生まれていたのではないか、という説を1982年に発表しています。この恐竜人間は「ダイノサウロイド」と呼ばれています（図2－1）。

この説で注目されたのは、最も賢い恐竜として知られる「トロオドン（*Troodon*）」（119ページイラスト）の仲間です。トロオドンの仲間は体全体に対する脳の割合が最も高かったことで知られています。こうした恐竜がさらに賢くなれば、人間のような姿をもつ恐竜が生まれたのではないか、というわけです。もっとも、この説はすべての研究者に受け入れられているわけではありません。

なお、哺乳類の進化も続いてやがて人間が生まれ、進化した恐竜と共存したかというと、そこは難しいといえるでしょう。

人間が誕生するまでには、地球環境の変化とそのときの生物相の進化の絶妙なタイミングが必要でした。恐竜が絶滅しなかったことで、哺乳類の進化のタイミングがずれたことは想像に難《かた》くありません。したがって、恐竜が絶滅しなかったとしたら、人間が誕生した可能性は極めて低くなります。

もっとも、古第三紀以降、地球の気候は寒冷化の道を歩み始めます。今から、1500万年前には極地の氷床も拡大しはじめるなど、恐竜たちがそれまで体験したことのない気候になったことは確かです。恐竜の絶滅そのものは小惑星衝突によるものですが、仮にこの衝突がなかったとして、その後の寒冷気候を無事に乗り切れたかどうかはわかりません。

図2-1　ダイノサウロイド

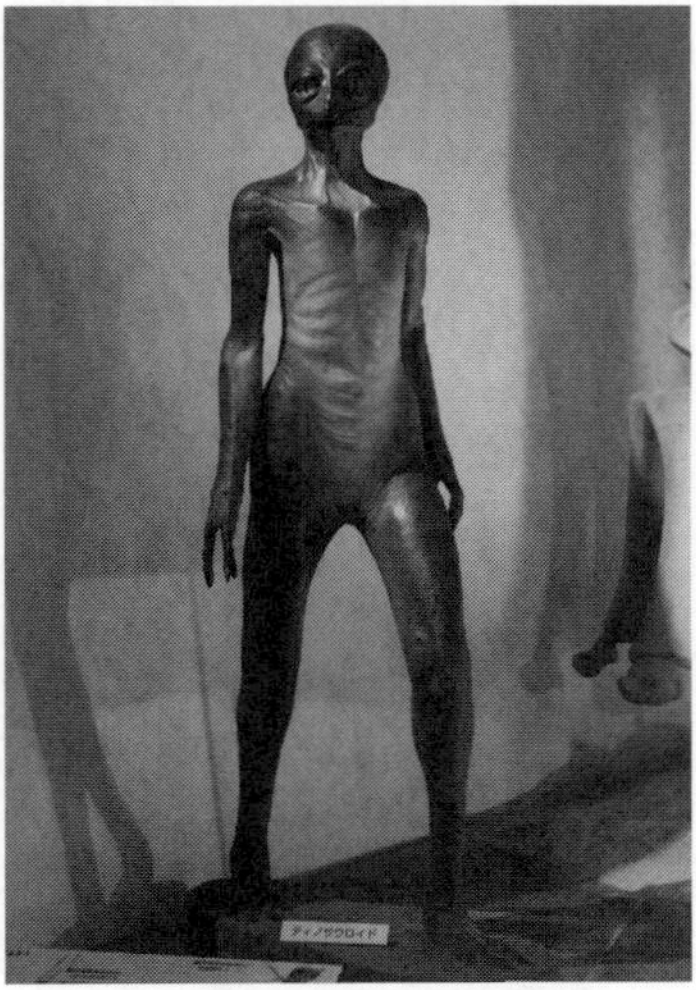

画像提供：群馬県立自然史博物館

Q 恐竜は、どのように鳥類へ進化したの？

鳥類は獣脚類に属する一つのグループです。したがって、獣脚類の進化を追いかけると、鳥類誕生への道がみえてきます。

まず、羽毛をもつようになりました。初期の原始的な羽毛はチューブ状です。鱗《うろこ》が変化したものであるとみられています。

次に肩を上下に動かすことができるようになります。「上下」とは「はばたく」ということです。この動作は、基本的には地上を疾走する動物には必要のないもので、ヒトはできますが、イヌはできません。実は上下に肩を動かすことができるというのは、限られた動物だけができることなのです。もちろん鳥類はできます。

そして、翼をもつようになります。最近の研究では、最も初期の翼は飛翔のためではなく、繁殖や抱卵のために獲得されたものであるとみなされています。

さらに、足の親指が後ろ向きになります。これは木の枝にとまることができることを示す特徴です。

ここまでくれば、現在の鳥類とほぼ似たような形です。

こうした外見上の変化の他にも、脳構造が変化したこともわかっています。例えば、鳥類に近づくにつれて、視覚が発達します。大空を飛ぶ彼らにとって、眼が良いということはとても大切です。

他にも、卵の形が球形から上下非対称形に変化したことや、抱卵という行動をするようになったことなどがわかっています。

第3章

恐竜のカラダはどうなっている?

——そのしくみと能力

Q 二足歩行の恐竜と、四足歩行の恐竜の最大のちがいとは？

恐竜には二足歩行型と四足歩行型の両方がいます。

ティラノサウルス（*Tyrannosaurus*）などの獣脚類とパキケファロサウルス（*Pachycephalosaurus*）などの堅頭竜類は二足歩行型です。アパトサウルス（*Apatosaurus*）などの竜脚類、ステゴサウルス（*Stegosaurus*）などの剣竜類、トリケラトプス（*Triceratops*）などの角竜類は四足歩行型になります。イグアノドン（*Iguanodon*）などの鳥脚類は二足と四足を使い分けていたとみられています。

鳥脚類を別として、獣脚類などの二足歩行型と、剣竜類などの四足歩行型ではいったい何が異なるのでしょうか？

最大のちがいは体重です。二足歩行型よりも四足歩行型の方が基本的に重い体となっています。例えば、獣脚類のアロサウルス（*Allosaurus*／二足歩行型）と角竜類のトリケラトプス（四足歩行型）はどちらも全長8メートル級です。しかし、アロサウルスの推定体重が1・7トンであることに対し、トリケラトプスはその5倍以上の体重があったと推定されています。

また、恐竜は二足歩行型の方が、四足歩行型よりも足が速かったとみられています（哺乳類とは逆です）。したがって、四足歩行型の植物食恐竜に関しては「獣脚類に襲われやすい（捕捉されやすい）」という〝ハンデ〟がありました。その一方で、成長してしまえば足が遅くても「大きいので襲われにくい」ということが四足歩行型の〝メリット〟でした。

なお、二足歩行と四足歩行の両方を使い分ける鳥脚類については、イギリスのウィリアム・I・セラーズ博士たちが、コンピューターを使って「エドモントサウルス（*Edmontosaurus*）」の走行速度を計算しています。

この研究によれば、二足歩行時の走行速度よりも四足歩行時の走行速度の方が、秒速2メートル（時速7・2キロメートル）ほど速いと算出されました。もっとも、この数字についてはセラーズ博士たち自身が「何か重要なことが欠けている（there is something important missing from our models）」としていますので、この数値はあくまでも参考値ということになるでしょう。

二足歩行と四足歩行に関しては、その他に食性のちがいを挙げることができます。植物食恐竜に注目すると、二足歩行型の方が四足歩行型よりも高い位置の植物を食べることができます（巨大な竜脚類をのぞく）。四足歩行型は低い位置の植物を食べることに適していました。このちがいがあるために、両者は同じ地域でも共存できたとみられています。

Q なぜ、これほどまでに巨大化したの？

恐竜には全長数十センチメートルの小型種から、10メートルを超える大型種までさまざまな大きさの種がいます。なかでも竜脚類には、30メートルを超える超大型種も存在します。これほどまで大きな動物というのは、陸上動物史上、他に類をみません。ちなみに陸《りく》棲《せい》哺乳類で最も大きなものは、すでに絶滅したインドリコテリウム（*Indricotherium*）というサイの仲間で体長7・5メートル・体高4・5メートルというものがいました。インドリコテリウムはサイの仲間ですが、長い首と細く長い四肢をもっており、巨大なウマのような姿をしていました。

なぜ、恐竜はここまで大きくなったのでしょうか？

まず基本的に、自然界において巨大であるということは、そのまま武器になります。大きな被捕食者は捕食者に襲われにくくなるというメリットがあります。もちろん、大きな体をもつほど、それを維持するために食べ続けなければいけないという点や、何をするにも目立つというデメリットもあります。

巨大化した竜脚類と、巨大化しなかった他の植物食恐竜の決定的な差は、頭部の大きさです。30メートルをこす竜脚類でも、頭部は1メートルほどしかありません。体サイズの30分の1以下という小ささです。

一方で、巨大化しなかった植物食恐竜では、例えばトリケラトプスは全長8メートルに対して、その4分の1近くを頭部が占めています。頭部が小さければ、首を長くすることができます。一方で、頭部が大きければ、長い首で支えるのは難しく、必然的に首は短くなります。

なぜ、竜脚類の頭部が小さいのかといえば、それをつくる要素が小さいからです。

まず、竜脚類は大きな脳をもっていません。そして、彼らの歯は小さく、顎《あご》の筋肉も強

図3-1　竜脚類の歯

まるで鉛筆のようにシンプルな形をしている。（画像提供：ふぉっしる）

くないのです。こうした要素がすべて軽いものであるため、彼らの頭部は長い首でも支えることができたのです。

首が長いということは、体を動かさなくても広範囲の食料を食べることができたことを意味しています。また、首と尾は吊り橋の両端のようなもので、首が長い分、尾も長い方がバランスがとれます。

竜脚類の歯はシンプルで、しかも顎の筋肉が弱いので、口で植物をすり潰《つぶ》せません。口で植物をすり潰さない代わりに、消化器官で時間をかけてゆっくりと消化する必要があったことでしょう。樽のように大きな胴体には長大な腸があったことは想像に難《かた》くありません。

こうして、竜脚類は巨大化したとみられています。より正確にいえば、巨大化することによって生存の道を探ったのが竜脚類で、他の恐竜たちは、例えば骨の板で武装したり、足を速くするなどによって、それぞれ独自の生存戦略を築いていたようです。

Q 巨大な恐竜は、どうやって巨体を維持していたの？

竜脚類の気嚢システムの模式図。空気の袋である気嚢システムは、体全体にはりめぐらされていた。首の骨には空洞があり気嚢（憩室《けいしつ》と呼ばれる）が入っていたため、それほど重くなかった。

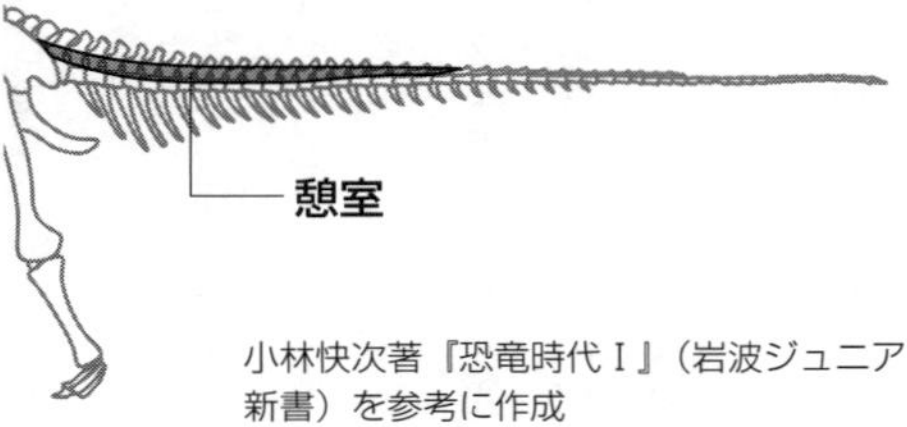

小林快次著『恐竜時代Ⅰ』（岩波ジュニア新書）を参考に作成

竜脚類の巨大な体を維持していたシステムに、「気嚢《きのう》」があったとみられています。気嚢は文字通り「空気の袋（嚢）」です。

そもそも、巨大化の最大の障害は巨大さゆえの「重さ」です。長い首や長い尾は、肩や腰からのびる筋肉で支えられていますが、首が長ければその分重量も増し、筋肉で支えることのできる限界を超えてしまいます。

では、なぜ、竜脚類は長い首を維持でき

図3-2　気嚢《きのう》システム

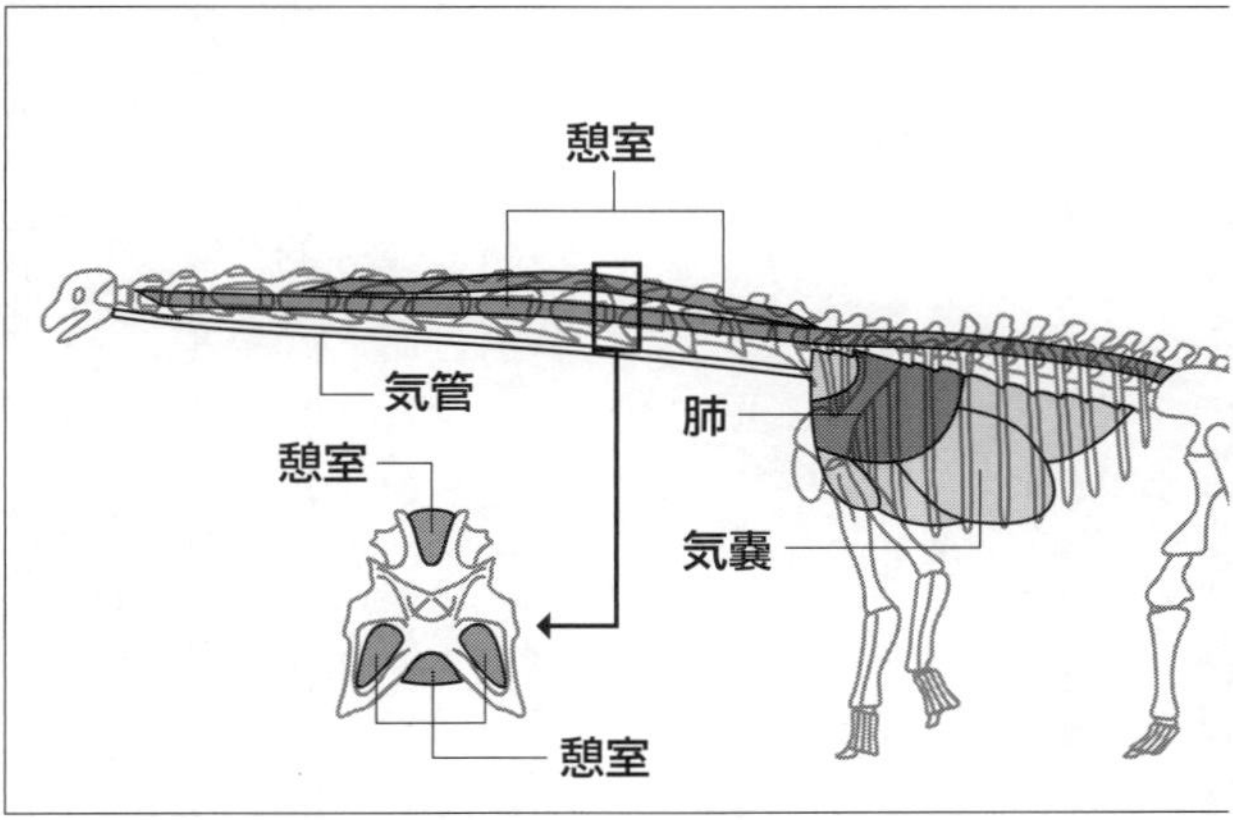

たのでしょうか？

　実は竜脚類の首はそれほど重くありませんでした。骨の空洞化が進み、そこに気嚢が入っていたのです。つまり、骨の代わりに空気の袋で体を支えているようなものでした。

　そして、巨体を維持するための酸素の運搬にも気嚢は役立っていたとみられています。気嚢は、気管から取り込んだ空気を一時的に貯蔵し、効率的な呼吸を可能にします。つまり、気嚢があると、それだけ多くの酸素を体内に取り込めます。酸素は体内の代謝を活発化させ、巨体を維持することにも役立っていたのです。

竜脚類の食事量は、1日数百キログラムにおよんだとみられています。高い代謝能力は、その消化に役立ったことでしょう。

ちなみに気嚢は恐竜だけのものではありません。現生鳥類も気嚢をもっており、体の軽量化と、効率的な呼吸に役立てています。

Q 恐竜は恒温《こうおん》性の動物？　それとも変温性の動物？

恐竜の体温調節についての質問ですが、まずは言葉の使い方について確認しておきましょう。

高い基礎代謝能力をもつことによって熱を生産する動物のことを、かつて「恒温動物」と呼びました。もっと昔には「温血動物」と呼んでいました。

しかし、「恒」という字には「ほぼ一定に保つ」という意味があり、この意味においては魚類や昆虫にも一定の体温を保つ能力をもつものが少なくないため、現生動物における「哺乳類と鳥類の特徴」とはいえなくなりました。

そこで、哺乳類と鳥類のように体内に高い代謝能力をもち、自分で熱を生む場合を「内温性」、爬虫類《はちゅうるい》などのように体外の環境によって体温を左右される場合を「外温性」と呼ぶことが近年の主流となっています。

さて、恐竜は内温性だったのでしょうか？　それとも外温性だったのでしょうか？

実は、一概に「恐竜」とまとめて議論することはできないとみられています。

小型獣脚類は内温性だったのではないかといわれています。鳥類に近縁な彼らは内温性である可能性が高く、小型で敏捷《びんしょう》とみられるその生態は、そのまま代謝率の高さを物語っています。また、成長が早かったとみなされていることも根拠の一つです。成長が早いということは、それだけ代謝が高いということにつながります。

竜脚類についてはあまりに大きいため、内温性だと体内に熱がこもりすぎてしまうことが指摘されています。

体温の維持は、たとえるならば、コーヒーカップの湯と風呂の湯の関係に似ています。風呂の湯は、コーヒーカップの湯に対して冷めにくい。それは体積に対して、外気と触れる表面積の割合が、コーヒーカップよりも小さいからです。つまり、巨大な体積をもてばもつほど、自分の体内の熱を逃がしにくいのです。内温性の動物は自分の体内で熱をつくっているので、竜脚類の巨体ではいつかオーバーヒートしてしまいます。

一方で、竜脚類は比較的短期間でその巨体にまで成長したことが知られています。こうした「短期間の急成長」には、そのエネルギーを生み出す高い代謝が必要です。このことから、竜脚類はその一生の中で、少なくとも成長期は内温性であった可能性が高いとも指摘されています。竜脚類には、内温性と外温性を切り替えるような特殊なしくみがあったのかもしれません。

Q 恐竜の体温はどのくらい？

いくつかの研究で、恐竜の体温の謎に迫ろうという試みがなされています。アメリカのジェームス・F・ギロールィ博士たちによる、骨から推測される体重値をもとに体温を推測しようという研究もその一つ。この研究では、現生のワニを使って検証されたデータをもとに、8種の恐竜の体温を推測しました。

推測された8種というのは、獣脚類の「メガプノサウルス（*Megapnosaurus*）」、「ダスプレトサウルス（*Daspletosaurus*）」、「ゴルゴサウルス（*Gorgosaurus*）」、「アルバートサウルス（*Albertosaurus*）」、「ティラノサウルス」と、竜脚形類の「マッソスポンデュルス（*Massospondylus*）」、竜脚類の「アパトサウルス」、角竜類の「プシッタコサウルス（*Psittacosaurus*）」です。これらの恐竜は、羽毛で全身がおおわれていない（と考えられている）という共通点があります。

図3-3　恐竜の体温

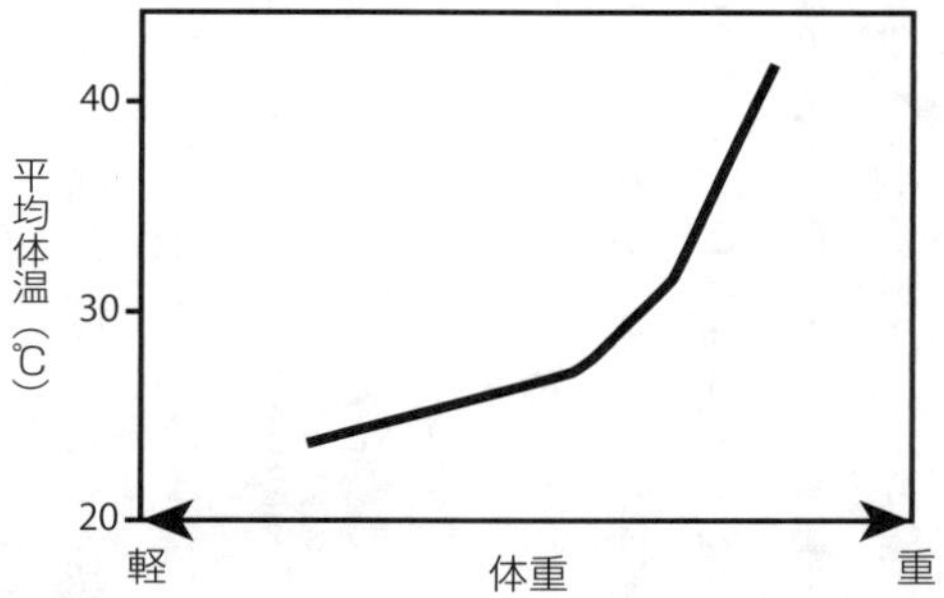

恐竜の体重と体温の関係を表わしたグラフ。一定以上の体重になると、体温が急上昇している。

（Gillooly et al., 2006 を参考に制作）

これらの恐竜は、基本的には体重の大きなものほど体温が高くなる傾向があるものの、最も軽量（12キログラムと推定）のプシッタコサウルスから、体重140キログラムのマッソスポンデュルス、614キログラムのアルバートサウルスまで、わずか2℃の範囲内におさまることが、この研究で示されました。その体温は20℃台半ばとなります。なお、メガプノサウルス（11キログラム）はこうした傾向の外に出ました。

アルバートサウルス以上の体重をもつ種に関しては、体重とともに飛躍的に体温があがっていきます。622キログラムのゴルゴサウルスはアルバートサウルスとほとんど変わらず、869キログラムのダスプレトサウルスはアルバートサウルスよりも数℃高いというレベルですが、2・8トンのティラノサウルスに関しては30℃台前半、13トンのアパトサウルスに関しては、40℃を超えるという数値が出ました。

この計算結果をそのまま他の恐竜に適応させると、最も重い恐竜の一つとされる「サウロポセイドン（*Sauroposeidon*）」（体重55トン）の体温は、48℃に到達するといいます。

ところが、この48℃というのは、動物としては非常にマズい数値です。

というのも、私たちの体をつくるタンパク質は高温になると変質してしまうという特徴があります。そのため、私たちが体を維持できる体温の上限は、45℃であるといわれています。サウロポセイドンの体温はこれを超えているのです。

もちろん、この研究がそのまま唯一無二の解答というわけではありません。実際、他の研究では、5℃以上低い数値も算出されています。一方で、体温が高い竜脚類には何らかの冷却システムがあった可能性も指摘されています。いずれにしろ、「恐竜の体温」というのは、一昔前まではミステリーでしかなかったことですが、今ではサイエンスによっていくつものアプローチがなされるようになってきたのです。

Q　恐竜の五感の性能はどのくらい？

動物がもつさまざまな感覚のうち、視覚、聴覚、触覚、味覚、嗅覚《きゅうかく》を「五感」と呼びます。絶滅した動物の五感にアプローチしようという研究は、さまざまな手法で行なわれています。恐竜に関しては、とくに視覚、聴覚、嗅覚について研究されています。

恐竜を含むいくつかの動物グループは、眼球のまわりに「強膜輪《きょうまくりん》」という骨をもっています。この強膜輪の大きさや形を調べることで、すでに絶滅した動物であっても、ある程度の視覚の性能について知ることができると考えられています。

アメリカのラース・シュミッツ博士と藻《も》谷《たに》亮介《りょうすけ》博士は、19種の恐竜を含む33種の爬虫類・鳥類の強膜輪を調べ、報告しています。その結果、一部の獣脚類は、夜目がよくきいたことが示唆されました。なお、恐竜時代の哺乳類は夜行性で、恐竜が眠っている夜を中心に活動していたという見方もありますが、この研究では否定しています。

聴覚や嗅覚については、頭蓋骨にある「脳函《のうかん》」の研究があります。「脳函」とは聞き覚えのない単語かもしれません。英語で「Braincase」と言った方がイメージがわくでしょうか。脳の入っている空間のことです。脳そのものは軟組織ですので化石に残りません(少なくともこれまで恐竜の脳は発見されていません)。しかし、脳が入っていた空間は化石に残されます。

現在では、CT(Computed Tomography)スキャンが研究に導入されています。CTスキャンは、もともとは医療用の道具でX線を利用して体内の病巣《びょうそう》などを発見するものです。病院でCTスキャンによる検査を受けたことのある読者の方もいることでしょう。このCTスキャンを化石の研究に用いることで、標本を壊さずに、その内部構造を知ることができるようになりました。

CTスキャンの導入によって脳函の研究が進み、脳に関係した五感の性能が明らかになりつつあります。

アメリカのローレンス・M・ウィットマー博士と、ライアン・C・ライドゲリィ博士は、ティラノサウルスの脳幹とその聴覚について報告しています。この報告では、同じ大型の獣脚類である「アロサウルス（*Allosaurus*）」や「始祖鳥（*Archaeopteryx*）」、竜脚類の「ブラキオサウルス（*Brachiosaurus*）」と比較して、とりわけティラノサウルスが低周波音（いわゆる「低い音」）に敏感だったとしています。

一般的に大型の動物ほど低周波音を聴き取ることができるとされていますが、大型の竜脚類であるブラキオサウルス（全長22メートル）よりもティラノサウルス（全長12メートル）の方が低周波音に適応していたことは特筆に値します。

また、聴覚を司《つかさど》る器官は、バランス感覚を司る器官でもあります。この点でもティラノサウルスは特徴的で、バランス感覚に優れた小型の獣脚類並の性能をもっていたことが示されています。

嗅覚については、カナダのダーラ・K・ゼレニツキィ博士や本書の監修者である北海道大学総合博物館の小林快次博士たちが研究成果を報告しています。獣脚類22種を対象にしたこの研究では、体の大きさに占める嗅球《きゅうきゅう》（嗅覚を司る器官）は、体重が大きくなればなるほど大きいことが示されました。つまり、大型の獣脚類ほど鼻がきく傾向が示されたのです。

一方で、やはりティラノサウルスは特別な存在ということが示されました。体重から示唆される一般的な嗅球の大きさを上回る嗅球をもっていたのです。このことから、ティラノサウルスは、遠方の獲物や、物陰に隠れた獲物、暗闇の獲物などを臭いによって狩ることができたと指摘されています。

ちなみに、いろいろな点で特別な存在であるティラノサウルスは、近年では陸上動物史上稀《まれ》に見る高度な肉食動物だったということで、肉食恐竜をこえる肉食恐竜として「超肉食恐竜」と呼ばれています。

Q 恐竜の色はどこまでわかっているの？

恐竜に限らず、絶滅した動物の色を知るのは、かなり難しいことです。

基本的には、復元作家の腕の見せ所で、現生動物の何を参考にするのかによって大きく異なってきます。大型の恐竜に関しては、現生のゾウ類を参考にすることは多いですし、他にも小型の恐竜に関しては、トカゲなどを参考にすることもあります。復元図を描く作家や復元模型をつくる作家は、研究者に相談したり、商業的な理由で依頼主の意向に沿う派手な色を選択したり、さまざまな理由で色をつけていました。

つまり、いずれも想像の範囲を出ないものだったのです。

ところが近年になって、恐竜の色についての手がかりがみつかるようになりました。しかも、複数の種類についてです。

例えば、「始祖鳥」です。一応、念を押しておきますと、鳥類が恐竜の一部である以上、

始祖鳥も立派に恐竜です（14ページの「そもそも『恐竜』って何？」参照）。

アメリカのライアン・M・カーニーたちが、始祖鳥の羽根の化石を詳しく調べたところ、「メラノソーム」という小器官の痕跡が確認されました。メラノソームという器官は色素に関係するもので、分析の結果、始祖鳥の羽根の色が黒だったことが判明したのです。

この研究が発表されたのは２０１２年のことです。以降、復元作家たちは、自分たちの始祖鳥を黒くしはじめました。

ところが２０１３年になって、イギリスのフィリップ・L・マニング博士たちによって、さらに詳細な分析結果が発表されました。その結果、始祖鳥の羽根は一面が黒かったのではなく、羽根の内側は比較的明るい色だったことがわかりました。これによって始祖鳥1種をとっても、色の変化があることが示されました。つまり、「一部は黒い」ことがわかりましたが、全身の色はまだ謎ということです。

始祖鳥以外にもいくつかの恐竜の色が報告されており、なかには虹色の羽根をもっていたという報告のある種もあります。

こうした色の報告がある恐竜にはある共通項があります。

それはいずれも羽毛恐竜であるということです。これまでに色が報告されている恐竜は、いずれも羽毛をもっており、その羽毛の分析結果から色がわかっているのです。逆にいえば、羽毛の確認されていない恐竜については、未だに色の手がかりはみつかっていません。また、すでに色が報告されている恐竜についても、全身すべてが同じ色であるとは限らないのは、最近の始祖鳥の研究が示しているとおりです。

なお、恐竜以外の古生物では、例えばおよそ5億年前の節足動物などの外骨格に、「構造色」が確認されています。これは、CDの裏面のような微細な溝が光の干渉を引き起こしてつくる色で、CDと同じように虹色に輝きます。実は、先ほどふれた虹色の羽根というのも、基本的には同じしくみです。恐竜の鱗《うろこ》に構造色がある例は発見されていませんが、同じ構造があれば虹色とわかるかもしれません。

Q すべての恐竜が羽毛をもっていたの？

すべての恐竜に羽毛が確認されているわけではありません。むしろ、化石として羽毛が確認されている種は、恐竜全体からみれば少数派です。

しかし、近年刊行された恐竜図鑑では、多くの恐竜が羽毛をもっています。実は、ここには復元にあたる作家や、監修にあたる研究者の考えが反映されています。

そもそも最初の羽毛恐竜の化石が発表されたのは、1996年のことです。以降、毎年のように発見がつづき、今では獣脚類を構成するいくつものグループから羽毛恐竜が報告されるにいたりました。

これまでに発見されている羽毛恐竜の多くは中国遼寧《りょうねい》省から発見されたもので、他の地域ではドイツなどの例外をのぞき、ほとんど発見されていません。羽毛は骨に比べると化石に残りにくいのです。羽毛が化石として発見されるには特殊な環境が必要となります。

そのために、「羽毛が発見されていないからといって、その恐竜が羽毛をもっていなかったとはいえない」と考えられるようになりました。そして以前は、羽毛恐竜といえば小型種ばかりだったのですが、2012年に全長9メートルの大型肉食恐竜でも羽毛が確認されたことで、大型種でも羽毛をもっている可能性が出てきたのです。そこで、グループ内で羽毛が確認されれば、そのグループに属するすべての恐竜が羽毛をもつとみなす場合もあります。その結果、現在では多くの獣脚類が羽毛をもって復元されることが多いのです。もっとも、これはあくまでも近縁種からの類推によるもので、あくまでも直接証拠が発見されていなければ、羽毛は復元しないという見方もあります。最終的な判断は、作家や監修者に任せられています。羽毛の長さや種類などは、復元の仕方によって分かれます。

なお、これはあくまでも獣脚類の例です。

獣脚類以外の恐竜に注目すると、角竜類と原始的な鳥盤類にそれぞれ1種ずつ羽毛が確認されています。この羽毛は全身をおおっていたものではなく、背中にたてがみのように並んでいたものです。一般的に、獣脚類以外では羽毛はほとんど確認されないため、羽毛を描くことなく復元することが多くなっています。

Q 羽毛恐竜の羽毛にはどんな種類があったの？

現生の鳥類が複数の種類の羽毛をもっていることと同じように、羽毛恐竜にもさまざまな羽毛が確認されています。

最も多くの羽毛恐竜がもっているのは「原羽《げんう》」もしくは「プロトフェザー」と呼ばれるもので、これはシンプルなチューブ状です。羽毛としては最も原始的なものとされ、爬虫類の鱗が変化したものであるとみられています。

次に確認されているのは「正羽《せいう》」と呼ばれる羽毛。これは、いわゆる「羽根」の1種で、中心となる「羽軸」から左右対称に羽枝が生えているものです。羽枝の先にはさらに小羽枝があり、小羽枝はたがいに引っかかって、羽根全体が1枚の面を形成しています。

そして、とくに重要視されるのは「風切り羽」と呼ばれる羽毛。これは正羽と同じような構造をしていますが、羽軸を境に前側の面積が狭く、後側が広いという前後非対称の形

図3-4　羽毛の種類

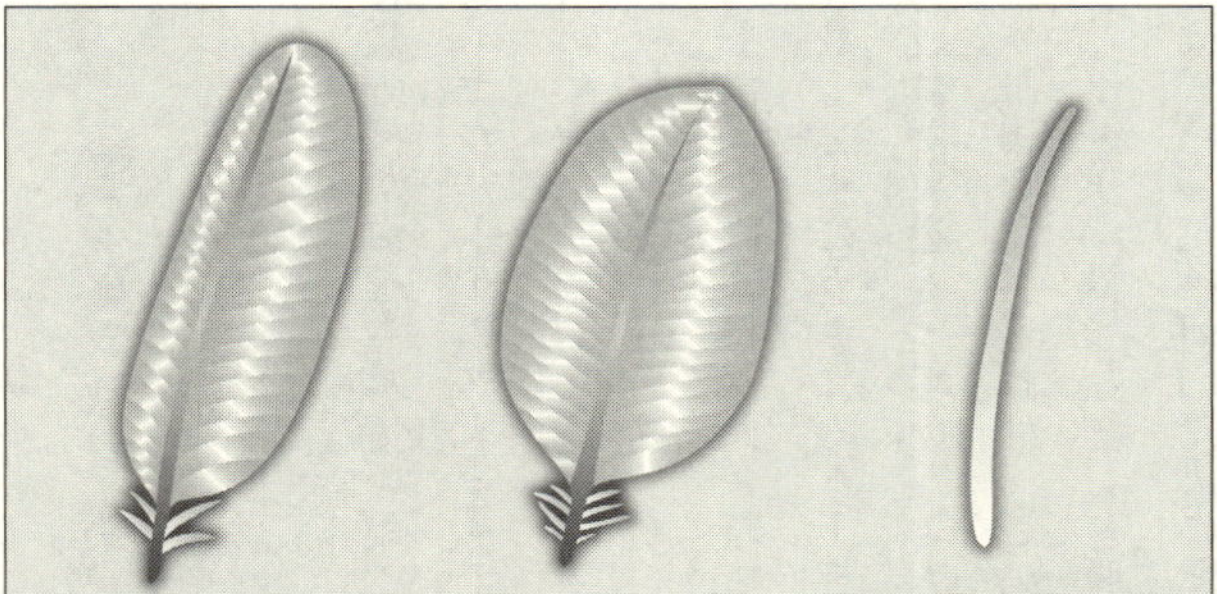

をしています。いわゆる「翼」をつくる羽毛がこの風切り羽です。したがって、この風切り羽が確認できると、その羽毛恐竜は翼をもっていたと考えられています。

羽毛は、原羽、正羽、風切り羽の順で進化したと考えられています。また、羽毛の役割については「保温のため」ということが従来からの定説です。

Q 翼をもつ恐竜はいたの？　何のための翼だったの？

複数の種が翼をもっていたことがわかっています。その中で最も原始的な恐竜が、獣脚類の「オルニトミムス（*Ornithomimus*）」（113ページイラスト）です。

オルニトミムスは、全長3・5メートルほど、小さな頭と長い首、長い尾、そして長い後脚をもつ、現生のダチョウによく似た姿の恐竜で、〝最速の恐竜〟としてもよく知られています。化石は、カナダのアルバータ州から産出しています。

2012年にカナダのダーラ・K・ゼレニツキィ博士や小林博士たちによって、この恐竜の成体が翼をもっていたことが初めて報告され、まさに翼の役割を説明するものとして注目されました。それは、この恐竜が近縁種も含めて飛翔していたとは考えられないからです。つまり、翼はもともと飛翔のためのものではなかったのです。

では、いったい何のために翼は発達したのでしょう？

それまで、翼の起源については四つの仮説がありました。

①飛翔のため
②走行時の安定性を保つため
③攻撃用の武器として
④繁殖のため

というものです。このうち、「①飛翔のため」は、近縁に飛翔種のいないオルニトミムスに翼があったことで否定されました。

次に「②走行時の安定性を保つため」ですが、これはオルニトミムスの「幼体が翼をもっていない」ことから否定されました。それというのも、オルニトミムスは幼体時から優れた走行性能をもっていたとみられており、つまり、翼がなくても十分安定した走りができたからです。

「③攻撃用の武器として」というのは、哺乳類などの小動物の行方を遮《さえぎ》ったり、昆虫をはたき落としたりするために使われていたのではないか、というものです。しかし、オルニトミムスは植物食であったことが明らかになっています。攻撃用の武器は不要なのです。この仮説もオルニトミムスに翼があったことで否定されました。

残った仮説は「④繁殖のため」です。これが、もともとの翼の役割だったとみられています。繁殖、というのは、例えば翼を大きく広げたり、あるいは派手な色の翼をもったりすることで異性にアピールをしたり、あるいは抱卵をするための道具として使うということです。

「抱卵のために翼が発達した」という見方は、発達した大きな翼ほど広範囲の卵をカバーできるということ、風切り羽の前後非対称という構造が、効率よく地面と接地することに向いていることなどからも、支持されています。

一方で、鳥類の翼はまさに飛翔のために使用されることが主目的で、鳥類に近い獣脚類では、飛翔のために使われていたとみられています。もっとも、この場合は翼で羽ばたいて飛翔するというよりは、グライダーのように滑空《かっくう》するための翼として使われていたようです。

オルニトミムス

Q

化石から恐竜の性別を特定することはできるの？

恐竜に限らず、絶滅した古生物の性別を特定するのは、かなり困難です。それでも哺乳類は、雄《おす》と雌《めす》で明確な体格差があったり、陰茎骨があったりする場合があるので、性別特定の手がかりになります。しかし、爬虫類である恐竜にはそれがありません。

獣脚類の中には、抱卵した状態のまま化石がみつかっているものが複数あります。しかし、「子育てする＝雌」という図式は哺乳類特有のもので、子育てをしていたからといって、その個体が雌であるというのは他の動物には通用しないのです。

そこで、いくつかの状況証拠から雌雄の特定にせまることになります。

例えば、ティラノサウルスのある個体には「骨髄骨」という雌特有の構造が確認されています。骨髄骨というのは、鳥類の骨にみられる構造の一つで、雌が卵を産む際に捻出《ねんしゅつ》されるカルシウムとリンがつくる構造です。つまり、この構造が確認された個体は雌であるということができるでしょう。

ただし、ちょっと厄介なのは、骨髄骨があれば雌であると特定できるものの、骨髄骨がなければ雄であるとは言い切れないということです。骨髄骨は卵を産むための構造なので、卵を産んでいなければ雌であっても、この構造はできません。また、この構造は大腿骨内にできるので、大腿骨が発見されていなければ検証もできません。同じように、体内に卵が確認できれば、雌であるとわかります。ただし、卵がないからといって、雄であるとはいえないのが、つらいところです。

他にも、ある種の剣竜類の大腿骨の形は、統計的なデータをとると二つに分かれることが指摘されています。Aタイプ、Bタイプといった具合です。イギリスのホーリー・E・バーデン博士とスザンナ・C・R・メイドメント博士は、これが雌雄差を表わすものであるとしていますが、どちらが雄でどちらが雌であるということはわかりません。

ひょっとしたら、別種として登録されているよく似た近縁種が、実は同じ種の雌雄であるという可能性もあります。なお、恐竜の性に関しては謎も多く、例えば竜脚類のような大型種がどのような姿勢で交尾をしていたのかはまったくわかっていません。

Q 恐竜の鳴き声は再現できる？ 映画の鳴き声は何にもとづいているの？

恐竜の鳴き声については、鳥脚類のパラサウロロフス（*Parasaurolophus*）の研究がよく知られています。

パラサウロロフスは全長10メートルほどの植物食恐竜で、顔が現生のカモノハシに似ていることから「カモノハシ竜」とよばれる恐竜の仲間です。最大の特徴は頭部から後ろに細くのびる、長さ1メートルほどの〝トサカ〟です。

トサカの内部は空洞になっています。この模型をつくり、空気を通してみると、管楽器のオーボエ（正確にいえば、バスーン）のような低い音が出たという研究があります。この研究によれば、成長にともなって高い音から低い音に変化したとのことです。その後、パラサウロロフスの良質な標本をCTスキャンし、トサカの構造をコンピューター上で再現するという研究も行なわれました。その結果も、模型をつくったときと同じような音が出たとのことです。

こうした研究例がある一方で、実は、ほとんどの恐竜に関してはその鳴き声はよくわかっていません。

では、映画で使われる恐竜の鳴き声は何なのでしょうか？

恐竜の映画といえば、スティーヴン・スピルバーグの『ジュラシック・パーク』が有名です。映画情報サイト『シネマトゥデイ』によれば、この映画のティラノサウルスの声は、ジャック・ラッセル・テリアの声が使われているとのこと。ちなみに、ジャック・ラッセル・テリアとは、体長60センチメートルほどの、比較的長い四肢をもつ、細身のイヌです。他にも、主人公たちを執拗《しつよう》に追いつめていく〝ラプトル〟には、カメが交尾のときにたてる音を使い、また複数の恐竜の声にウマの声が使われているそうです。

Q 恐竜の知能はどのくらい？　種による差はあったの？

ＣＴスキャンを使用した脳函の研究が進むにつれて、恐竜の脳が従来考えられていたよりも大きいことがわかってきました。

……とはいえ、脳の大きさがそのまま知能に比例するかといえば、そうとはいえません。体の大きな動物が大きな脳をもつのは、必然ともいえるからです。例えば、クジラは一般的にヒトよりも大きな脳をもっていますが、彼らがヒトよりも知能が高いというデータはありません。

そこでポイントとなるのが、体に対する脳の大きさの割合です。小さい体に対して大きな脳をもっているものほど知能が高いという考え方で、これは大まかな知能の指標として使われます。

この指標にもとづいて体の大きな竜脚類は、知能がさほど高くなかったとみられていま

トロオドン

す。また、鳥盤類の多くの知能は、原始的な獣脚類と同等でした。

最も知能が高いとみられるのは、白亜紀のカナダやアメリカなどに生息していた「トロオドン（*Troodon*）」です（119ページイラスト）。トロオドンは、全長2メートル弱、全体としては細身の獣脚類です。細く長い手足と、頭部には非常に大きな眼をもっていました。獣脚類の中では、進化的なグループに属しています。その脳容量は、400倍の体重をもつ竜脚類のディプロドクス（*Diplodocus*）とほぼ同じで、「体に対する脳の割合」は、現生鳥類と同程度とみられています。

現生の哺乳類をみても、すべての種が同じレベルの知能をもっているわけではありません。したがって、体に対する脳の割合の指標が示すように、恐竜の中でも種による知能の差はあったことでしょう。

第4章

恐竜のライフスタイル

——食事から子育てまで、ここまでわかった！

Q 恐竜は何を食べていたの？

肉食、植物食、雑食と、種によっていろいろなものを食べていました。

獣脚類の多くは肉食でした。彼らの歯にはその両脇に「鋸歯《きょし》」と呼ばれる小さなギザギザの構造があります。この小さな構造によって、歯はまるでステーキナイフのような切れ味があったと考えられており、それによって効率よく獲物の肉を切りとることができました。また、カナダからは、ティラノサウルス（*Tyrannosaurus*）の糞《ふん》ではないか、という化石が発見されており、そこには消化されかけた角竜類の化石が確認されています。

この例に代表されるように、獣脚類の主な獲物は植物食の恐竜だったとみられています。数多く発見されている恐竜化石の中には、襲われた痕跡のある植物食恐竜の化石や、獲物であったはずの植物食恐竜から反撃を受けた獣脚類の化石、植物食恐竜と獣脚類が争ったそのままの状態で化石となったものなどがあります。

獣脚類の中でもスピノサウルス（*Spinosaurus*）の仲間は、魚食であったとみられていま す。スピノサウルスは、映画『ジュラシック・パークⅢ』に登場する大型の獣脚類で、背中に大きな帆があることが特徴です（67ページイラスト）。

彼らの仲間の歯には鋸歯はなく、歯自体の形も多くの獣脚類とちがって円錐形《えんすい》でした。現在の魚食性のワニと同じ形です。実際、スピノサウルスに近縁の恐竜の胃があったであろう場所からは、魚の鱗《うろこ》の化石も発見されています。もっとも、スピノサウルスの仲間が魚食専門であったというわけではなく、翼竜や植物食恐竜も食べていたことが化石からわかっています。

いくつかの獣脚類は、雑食化していたり、植物食化していたようです。歯をもっていなかったり、歯をもっていてもそれが植物食恐竜のものとよく似ていたり、また植物をすり潰《つぶ》すための胃石を体内にもっていました。

獣脚類以外の恐竜は、基本的に植物食でした。長い首と長い尾をもつ巨大な植物食恐竜の竜脚類は、他の植物食恐竜が届かないところにあるような、高い位置の葉や木の枝などを食べていたとみられています。竜脚類の歯は基本的に鉛筆のような円柱状で、植物を口ですり潰すことには向いていませんでした（88ページ写真）。そこで、歯を熊手のように使って植物をこそぎとっていたようです。

また剣竜類は、鳥盤類の中でもとりわけ顎《あご》の力が弱かったことが指摘されています。首も高くはあがらないことから、基本的には足元のやわらかいシダ植物を食べていたとみられています。

多くの竜脚類や剣竜類が繁栄していたジュラ紀は、現在とはかなり植物相が異なっていました。最大のちがいは、被子植物（花を咲かせる植物）がまだ登場していないことです。足元には私たちがイメージするような「草（イネ科植物）」はありません。そのため、植物食恐竜の食べ物は、現在の草食動物（ウシなど）とはだいぶ異なるものでした。例えばナンヨウスギやマツの仲間、シダ植物が食料の中心でした。

一方で、鳥脚類や角竜類は、進化的な植物食恐竜でした。すり減った歯をいつでも交換できる「デンタルバッテリー」のシステムをそなえ、口で植物をすり潰すことができました（図4－1）。

少なくとも一部の鳥脚類は、歯1本の組織構造がたいへん複雑で、哺乳類よりも多くの

図 4-1　鳥脚類の顎の標本（レプリカ）

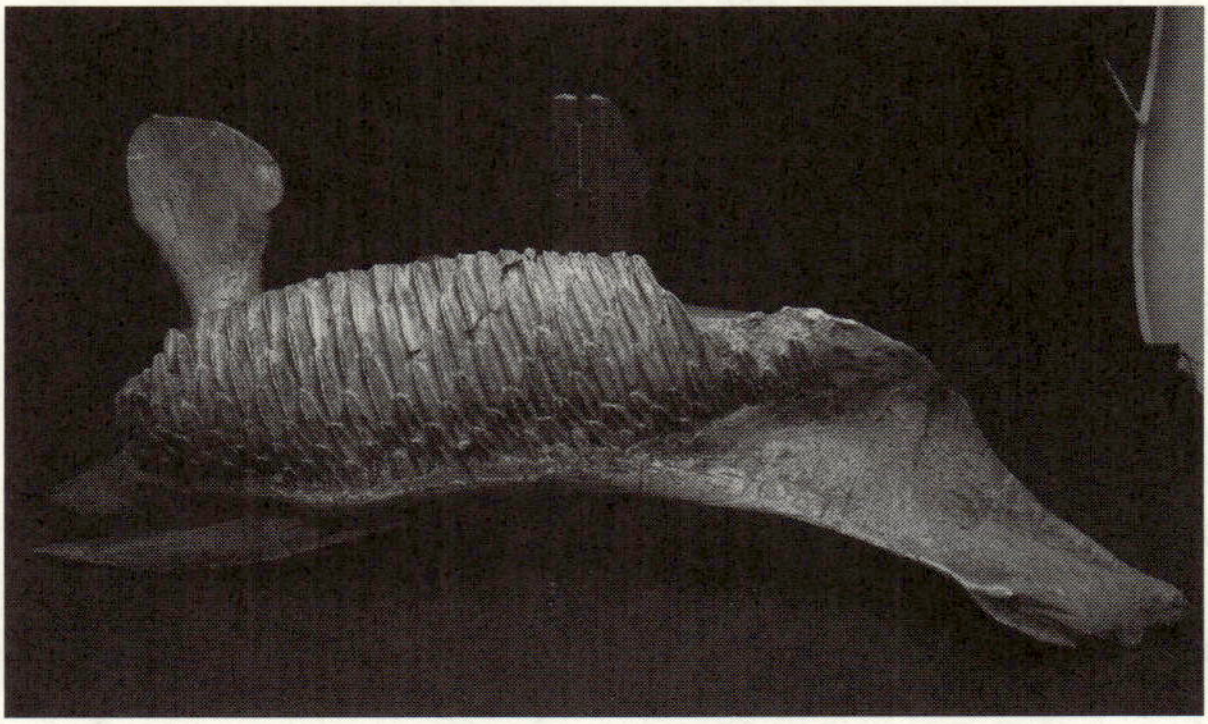

画像提供：オフィス ジオパレオント

組織をもっていました。組織の数が多いということは、歯の中で硬軟の差ができるということ、つまり、摩耗が進んだときに凸凹ができやすいことを意味しています。それだけ、すり潰しにも向いていたのです。このことから、一部の鳥脚類を「白亜紀のウシ」と呼びます。彼らは、比較的硬い植物も食べることができたのではないかとみられています。

Q　恐竜はどうやって寝ていたの？

「睡眠姿勢」なのかどうかはわかりませんが、少なくとも「休憩姿勢」についてはわかっていることがあります。アメリカのアンドリュー・R・C・マイルナー博士たちは、アメリカのユタ州にあるジュラ紀前期（およそ1億9800万年前）の地層から、ある獣脚類の〝足跡化石〟を発見、報告しています。

獣脚類は基本的に二足歩行をします。しかし、この足跡化石には前足の痕跡（つまり手をついた痕跡）と、坐骨（腰の骨）、そして尾によってつけられたとみられる痕跡がありました。

このことから、この獣脚類は現在の鳥類と同じように腰をおろし、尾を垂《た》らして休憩していたとみられ、そのときは前足、つまり手も地面についていたことが示唆されました。このときの手は、手のひらを内側に向けていたようです。

より直接的な証拠で、「眠っている姿勢」とされる化石も発見されています。その化石は中国のシン・シュウ博士と、アメリカのマーク・A・ノレル博士が報告したもので、中国遼寧省にある白亜紀前期の地層から発見されました。鳥類に近縁なグループに所属する獣脚類「メイ（*Mei*）」の化石です。

メイは全長53センチメートルほどの小型の恐竜です。ただし、骨が完全にできあがっていないことから成長途中だったのではないか、とみられています。大きな眼、長い後脚をもっていました。メイの化石は、現生の鳥類の睡眠姿勢と非常によく似たポーズで発見されました。つまり、手足を折り畳み、尾を曲げて体に密着させ、首はうしろを向いて背の上に乗せていたのです。

このメイの化石から、少なくとも鳥類に近縁の獣脚類は、現生の鳥類と似たような姿勢で寝ていたのではないか、とみられています。

Q 恐竜は集団行動をしていたの？

少なくとも一部の恐竜は、何らかの集団行動をしていたようです。

例えば、小型獣脚類です。

デイノニクス（*Deinonychus*）という、全長3メートルほどの獣脚類がいました。映画『ジュラシック・パーク』で建物の内外で主人公たちを追いつめていく恐竜、「ラプトル」のモデルとなった恐竜です。

このデイノニクスの仲間4体分の化石が、全長6メートルほどの鳥脚類「テノントサウルス（*Tenontosaurus*）」と一緒に発見されています。このことから、テノントサウルスは4体のデイノニクスによる集団攻撃を受けたことが示唆されています。

アメリカのデスモンド・マクセルとジョン・H・オストロムが発表した研究によれば、このときテノントサウルスは襲撃者である4体のデイノニクスを撃退することができたものの、そこで力尽き倒れたのではないか、ということです。他にもティラノサウルスの仲間で、異なる年齢の化石が9体分発見された例もあります。

本書の監修者である北海道大学総合博物館の小林快次博士たちによって、ダチョウのような姿で知られる獣脚類「シノオルニトミムス（*Sinornithomimus*）」の20体以上の化石が同じ場所から発見されています。

これらの化石は、どこかで死んだものが川などに運ばれてきて集合したものではなく、その場所で死んだものと分析されました。つまり、群れを組み、その群れごと（あるいは群れの一部が）死んだということになります。この中には、高い割合で幼体が含まれており、群れにはさまざまな世代のシノオルニトミムスがいたことがわかっています。

他に、大型の獣脚類は単独行動をとり、小型の獣脚類は集団行動をとっていた可能性も指摘されています。また、普段は集団行動をとらない小型種でも、例えば大型恐竜に襲撃されるなどしたときに集団行動をとっていたのではないか、という指摘もあります。

一方で、植物食恐竜の集団行動についてはどうでしょうか？

一般に植物食の動物は、少なくとも幼いときは群れを組む例が多くあります。現生の哺乳類でも群れを組むことで天敵に襲われたときに生き延びる確率が上昇します。成長すれば全長が10メートルを超える竜脚類でも、生まれた直後は数十センチメートルの大きさしかありませんでした。

実際、プロトケラトプス（*Protoceratops*）やプシッタコサウルス（*Psittacosaurus*）といった一部の角竜類では、とくに幼体の化石が10体以上まとめて発見されている例が複数あります。その幼体の群れを成体が保護していたのかどうかはわかりませんが、幼いうちは群れを組んでいたとみられます。

また、鳥脚類の中には営巣地が確認されているものもいます。「マイアサウラ（*Maiasaura*）」は、全長7メートルほどの何の変哲もない植物食恐竜ですが、「子育て恐竜」としてよく知られています。それは、彼らが巣をつくり、しかも親が子に餌《えさ》を運んでいたことが示唆されているからです。また、この巣は単独ではなく、複数が固まっており、各巣の間には、ちょうど成体が通れる分だけのスペースがありました。こうした点をみても、彼らが集団で子育てをしていた可能性は十分あります。

Q 恐竜は求愛行動をしていたの？

求愛行動というと、翼を広げたり、ダンスを踊ったり、異性に対してアピールする行動のことですね。古生物学では、こうした行動を間接的に推測することができます。一つのポイントは「幼体時にはなくて、成体時にはある」という特徴です。求愛行動をするということは、基本的に性成熟している必要があります。つまり、成体時になってから獲得されている特徴であれば、それが求愛行動に使われた可能性が高くなります。

例えば、「オルニトミムス（*Ornithomimus*）」という獣脚類がいます（113ページイラスト）。全長4メートル弱ほどの、現生のダチョウによく似た恐竜です。小林博士たちの研究で、オルニトミムスが腕に翼をもっていることが判明しました。

ただし、翼をもっていたのは成体だけです。幼体には翼がなかったこともわかりました。このことから、翼が何らかの繁殖行動に使われていた可能性が高いとみられています。それは、抱卵の可能性もありますが、例えば翼を広げるなどの求愛行動をしていた可能性もあります。

また、背中に骨の板（プレート）を並べていることで知られる剣竜類の「ステゴサウルス（*Stegosaurus*）」についても、そのプレートが求愛行動に使われていたのではないか、という指摘もあります。大阪市立自然史博物館の林 昭次《はやししょうじ》博士の研究によって、プレートの表面に細かな血管があったことが確認されています。そこを流れる血流量の調整次第では、プレートの表面の色を赤く変えることができたかもしれません。そして、このプレートの大きさも、成長にともなって大きくなっていたことがわかりました。

つまり、「成体になってから」「色を変えてアピールする」ことが可能ということで、求愛行動に使われた可能性があるのです。

同じような視点でみれば、堅頭竜類の頭部は成長にともなって大きくなっていた可能性があり、またトサカをもった一部の鳥脚類は、トサカが成長にともなって大きくなっていたことがわかっています。こうした「成長にともなって大きくなる」部位があることは、それが何らかの求愛行動に使われた可能性があるとみることができます。

Q 恐竜は1回にどのくらい卵を産んだの？

少なくとも一部の恐竜は巣をつくっていたことがわかっており、その巣の中に残された卵の化石から「1回に産んだ数」を推測することができます。その数は、恐竜の種類によって差があり、例えば、ある竜脚類は、最大で25個の卵が一つの巣の中にありました。

全長1・5メートルの小型の獣脚類「オヴィラプトル（*Oviraptor*）」は、20〜36個の卵を一つの巣に産み、温めていました。また、同じく全長2メートルにおよばない小型の獣脚類「トロオドン（*Troodon*）」（119ページイラスト）は、12〜24個の卵を温めていたことがわかっています。

他にも鳥脚類のマイアサウラでは、一つの巣の中に15体の幼体化石が確認されています。これは卵の数ではなく幼体の数なので、そのまま「1回に産んだ数」としては不正確かもしれませんが、少なくとも15個の卵を産んだと推測することはできます。

Q 恐竜は鳥のように抱卵をしたの？

少なくとも一部の恐竜は、鳥のように卵を抱いていたことがわかっています。抱卵する恐竜として最もよく知られているのは、小型獣脚類の「オヴィラプトル」でしょう。その化石は、卵の化石の上に覆い被さるような形で発見されました。

もっとも、発見された当初は、卵は別種のものであると考えられたため、このオヴィラプトルは卵を盗みにきたまさにその瞬間に、何らかの原因で卵とともに砂に埋もれ、化石になったと考えられました。実は「*Oviraptor*」という学名には、「卵泥棒」という意味があります。

実際には、オヴィラプトルは他種の卵を奪いにきたわけではなく、抱卵をしていたことがのちに明らかになりました。しかし学名は一度命名されるとそう簡単には変更されないものなので、この不名誉な名前がそのまま残っています。

オヴィラプトルの仲間には、同じように抱卵をしている化石が発見されています。それがオヴィラプトルの近縁種にあたる「シティパティ（*Citipati*）」です。成体が卵に覆い被さるように化石になっていました。

他にも、トロオドンも抱卵をしていた可能性が高いことが示唆されており、鳥類に近い〝進化的な小型獣脚類〟が抱卵をしていたのはどうやら確かのようです。

Q 恐竜の寿命はどのくらい？

寿命の話をする前に、そもそも恐竜の年齢をどうやって知るのかについて触れておきましょう。

恐竜の年齢を知る方法として、年輪を調べる手法があります。骨にも樹木と同じように年輪が形成されるため、化石となった恐竜の骨の断面を観察することで、その恐竜の年齢を推し測ることができるのです。当然、恐竜が死ぬと骨の形成も終わるため、その個体の寿命を推測することができます。このように、骨の組織構造には、恐竜の成長や寿命などを知るための手がかりがあります。

すべての恐竜の寿命がわかっているわけではありませんが、いくつかの恐竜については、データが出ています。最も代表的なものとして、ティラノサウルスの寿命データがあります。アメリカのグレゴリー・M・エリクソンたちの研究によれば、ティラノサウルスの寿命は30歳におよばないと算出されました。

竜脚類に関しては、ドイツのエヴァ・マリア・グリエベラー博士たちが論文を発表しています。この研究では、竜脚形類の「プラテオサウルス（*Plateosaurus*）」や、竜脚類の「アパトサウルス（*Apatosaurus*）」など複数種について、寿命が調べられました。その結果、多くの種の寿命は30歳前後であると推測されました。こうした数字は、現生哺乳類や鳥類と比較しても、けっして長寿というわけではありません。

一般に、体の大きな動物ほど長寿になる傾向があるとされます。小さい動物ほど代謝が盛んで、その分寿命は短く、大きい動物ほど代謝がゆっくりであるために、その分寿命が長くなるからです。しかし、「種」という単位でみたとき、長寿はけっして良いことではありません。長く生きるということは、その分、成長速度が遅いということを意味します。

例えば、竜脚類の場合、捕食者から身を守ることができる最大の武器はその大きさにあります。しかし、成長がゆっくりだとしたら、自分自身が大きくなる（成熟する）前に天敵に襲われる可能性が高くなり、子孫を残すことができなくなるのです。「種の保存」という視点では、早く成長し、成熟し、多くの子を残すものが有利なこともあるのです。

Q 恐竜がいた場所で一番寒いところと暑いところは？

恐竜がいた場所の、その当時における気温は正確にはわかりませんので、緯度で考えてみることにします。

基本的に緯度が高ければ寒く、低ければ暖かいという地球の特徴は、恐竜時代でも今と同じです。ただし、全体的に恐竜時代は今よりも気温が高かったとみられています。とくに白亜紀は極域には氷はなかったか、あるいはあったとしても大変小さなものでした。

さて、大陸は移動しますので、現在の緯度と白亜紀の緯度がまったく同じであるとは限りません。しかし、とくに白亜紀に関しては概《おおむ》ね、現在と大陸配置は似通っていました（インドなどの例外はあります）。現在の高緯度地域は白亜紀においても高緯度であり、低緯度地域は低緯度であったと考えても大きくはちがわないでしょう（図4－2）。

恐竜の化石は五大陸すべての場所から発見されています。つまり、高緯度としては南極

図4-2　白亜紀後期の大陸
（およそ1億年前～6600万年前）

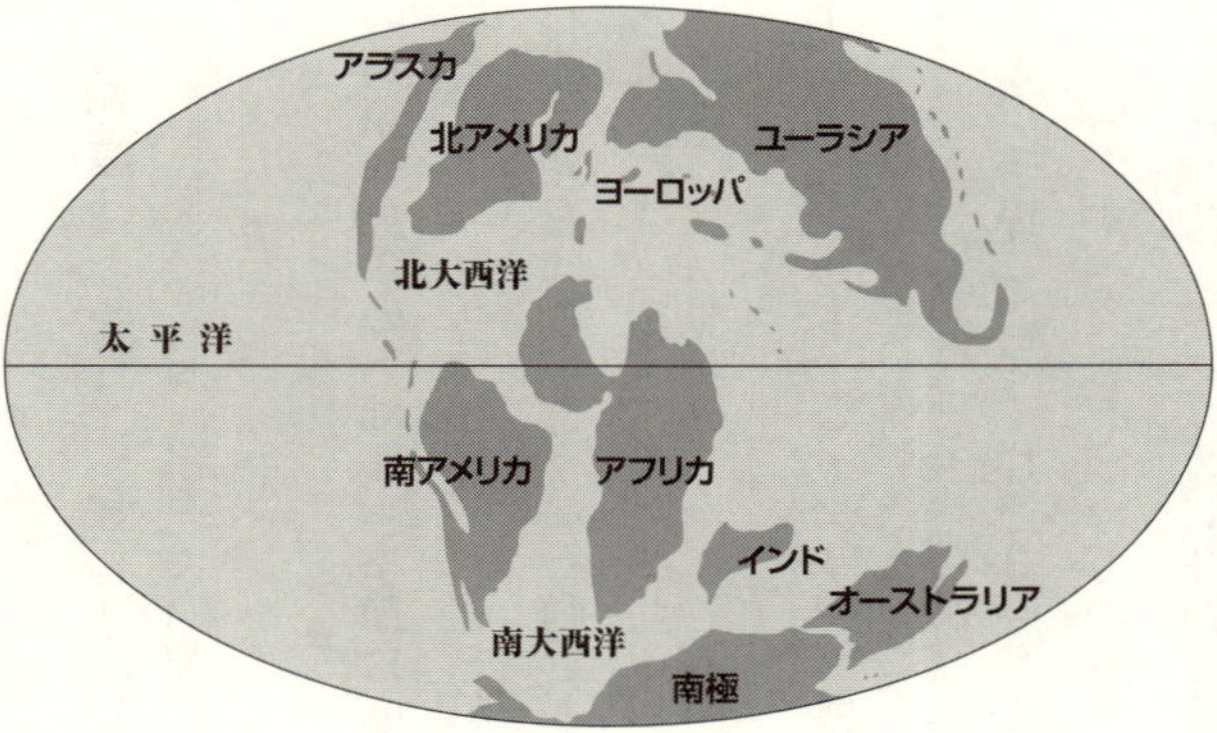

にも恐竜がいたことがわかっています。

近年はアラスカにおける研究も進んでいます。アラスカは白亜紀においても北極圏にあり、冬季には陽が昇らない極夜があったとみられています。当時のアラスカは、現在の札幌のような気候でした。そんな極圏でも、恐竜が棲《す》み着いていたことがわかっています。

一方、低緯度地域といえば、エジプトから多数の恐竜化石が発見されています。当時、一番寒いときの月平均気温が20℃を超えるような場所でした。ちなみに、現在のカイロ（エジプトの首都）における、最も寒い月の平均気温は15℃を下回ります。

Q 恐竜は「渡り」をしていたの？

現生の鳥類や魚類の一部は、季節に応じて数千キロメートルも群れで旅をし、そして戻ってくるという「渡り」を行なうことがあります。

果たして、恐竜はこのような行動をとっていたのでしょうか？

一部の恐竜については、数百キロメートル単位での渡りをしていたことがわかってきました。

アメリカのヘンリー・C・フリック博士たちは、ジュラ紀のアメリカに生息していた竜脚類「カマラサウルス（*Camarasaurus*）」の化石を詳しく調べました。その結果、低地から高地へと、季節に応じて片道３００キロメートルほどの旅をしていた可能性が高いことがわかったのです。食料を求めての旅であっただろうと指摘されています。

一方で、かつて、アメリカに生息していた一部の角竜類や鳥脚類は、夏になると数千キロメートルも北上してアラスカで夏を過ごし、冬になると南下してアメリカに戻ってくる、という仮説がありました。

しかし小林博士たちの近年の研究で、必ずしもそうはいえないことがわかってきました。アラスカで1～2歳の恐竜の足跡や化石が発見されたのです。これほど幼い恐竜が親とともに長距離を移動できたとは考えられないため、少なくとも一部の恐竜は渡りをせず、アラスカで冬を越すことができたとみられています。

現生の動物をみても数千キロメートル級の長距離の渡りを行なう動物は、大河や山脈などの地理的な障壁を受けづらい鳥類か魚類です。哺乳類はさほど長距離の渡りをすることはありません。このことからも、恐竜が長距離の渡りをしていたかどうかについては、疑問が投げかけられています。

Q ヘビのように脱皮はした？

いわゆる「脱皮」は、昆虫類や甲殻類でよくみられるもので、脊椎動物では質問にあるようにヘビがとくに有名です。

爬虫類の表皮には、最も外側に「角質層」があります。成長していくと古い角質層の下に新しい角質層がつくられ、新旧の間に隙間ができます。この隙間を境として、古い角質層が脱ぎ捨てられるのが、「脱皮」です。ヘビだけではなく、トカゲなども脱皮をします。ただしトカゲの場合は、古い角質層はぼろぼろと「はげ落ちる」ので、ヘビのような「抜け殻」ができるわけではありません。

では、同じ爬虫類である「恐竜」はどうだったのでしょう？

まず、一部の小型獣脚類にみられる羽毛恐竜のグループは、そもそも表皮の最上層が羽毛になっているので、脱皮はしなかったとみられます。

一方、羽毛恐竜ではない、表皮が鱗になっている恐竜に関しては、脱皮をしていた可能性は十分あります。トカゲのように脱皮をしていたのか、ヘビのように脱皮をしていたのかはわかりません。ひょっとしたら、〝恐竜の抜け殻〟もあったのかもしれませんね。

Q 恐竜は虫歯になった？

恐竜には虫歯はなかったでしょう。

基本的には、虫歯は「人間の文明病」です。とくに砂糖が食卓に登場するようになった中世以降に多く発生するようになったとみられています。現代ではイヌなどのペットや、動物園で飼育されている動物たちも虫歯になりますが、基本的にはそれは人間とともに暮らしていることに原因があります。

現生の野生動物には虫歯はありません。したがって、恐竜も虫歯はなかったとみられます。実際、虫歯となった恐竜の歯化石は発見されていません。

また、恐竜の歯は常に生え変わるという特徴がありました。仮に歯に何か異常があったとしても、常に新しいものが生産されつづけるので、その歯が「交換」されつづけていました。したがって、彼らが「歯」で悩まされるようなことはなかったとみられます。

Q 卵を産むのではなく胎生《たいせい》だった可能性は？

恐竜と同じ中生代を生きた爬虫類の中には、魚竜類やクビナガリュウ類のように胎生だったものが確認されています。哺乳類と同じく、母親が自分の体内で一定にまで子を育ててから出産していたのです。

一方で、現代を生きる恐竜である鳥類はすべて卵生です。鳥の場合は飛行の都合上、できるだけ体を軽くする必要があります。そのため、体内に胎児を抱える胎生ではなく、卵生であることが必然なのです。

では、恐竜が胎生だった可能性はあるのでしょうか？

答えから先に書くと、その可能性はない、ということができます。

第一に、恐竜はすでに卵の化石が発見されており、これはまず、卵生の有力な証拠の一つということができます。

第二に、その卵の殻の構造がポイントであるとみられています。基本的に、胎生か卵生かの選択は、体内で殻を溶かすかそのまま出すかというところが大きな分岐点とみられています。

現在でも一部の爬虫類には胎生を行なうものがいます。しかし、体内で殻を溶かす爬虫類（つまり胎生の爬虫類）は、その殻が薄いことが知られています。恐竜の卵は殻が厚くなっているので、溶かすことができなかったと考えられるのです。

Q 恐竜は泳げたの？

すべての恐竜が泳げたのかどうかはわかっていません。しかし、「泳いだ痕跡《こんせき》」と思われるものが複数発見されています。それは、湖や河川などの水底に残された足跡の化石です。

例えば、２００６年にスペインから報告された白亜紀前期の足跡は、水深3メートルほどの水底に堆積《たいせき》したとわかる地層の上に残されていました。その数は12個。ゆるやかなS字をえがき、左右の足の爪が交互につけたものだとみられています。研究者は、この足跡は獣脚類が泳ぐ際に、海底をひっかいてつくったものだと指摘しています。

同じように、「泳ぐ際にひっかいてできた」とみられる痕跡は、中国でも発見されています。この足跡は、15メートルにわたって確認されました。

こうした足跡からは、おそらく獣脚類とみられる二足歩行型の恐竜が、首を水面から出し、後脚で一生懸命泳いでいた姿が予想されています。現在の鳥類は、後脚で懸命に水をかくことで泳ぎますが、イメージとしてはその様子が近いかもしれません。

では、巨大恐竜として知られる竜脚類はどうだったのでしょう？　体重数十トンともいわれる彼らは、泳ぐことができたのでしょうか？

結論からいえば、竜脚類も泳げた可能性が高いことが示されています。いくつかの竜脚類について、その浮遊能力や浮遊中の重心等が検証された結果、彼らの肩近くまで水深がある場所では、後脚を浮かし、前脚を水底について〝泳いでいた〟可能性があることがわかりました（もっとも、厳密にいえば「泳ぐ」ではなく、「つま先で歩く」がイメージとしては近いでしょう）。これは、実際に竜脚類の前脚の足跡だけが残された化石があることからもわかります。彼らは、少なくとも肩や腰までの水深であれば、移動することができたようです。

第5章

もっと知りたい！　恐竜豆知識

——最強・最大の恐竜からヘンな恐竜まで

Q 最大の恐竜は何？

「大きい」といえば、やはり竜脚類になります。長い首に長い尾、樽《たる》のような胴体に、太い四肢をもつ彼らは、巨大恐竜の代名詞です。

その中でも、とくに巨大で知られる種を紹介しましょう。

「最も長く、最も重い」のは、アルゼンチンで発見された「アルゼンチノサウルス（*Argentinosaurus*）」です（152〜153ページイラスト）。その全長は30メートルを超え、体重は50トン以上とみられています。研究者によっては、全長36メートル以上、体重を70トン以上と推測しています。

これは長さとしては、アメリカの自由の女神像をそのまま横に倒したサイズ（頭から足まで）よりも大きく、重さとしてはアフリカゾウ70頭分に相当します。陸上生命史上で最も大きな生命体、ということになるでしょう。白亜紀の中頃に生息していました。

長さでいえば、中国で発見されている「マメンチサウルス（*Mamenchisaurus*）」も負けてはいません。やはり30メートルを超える全長と、50トンを超える体重があったとみられています。全長35メートル、体重75トンとも推測されています。この場合、体重も最重量級になります。アルゼンチノサウルスとのちがいは首の長さです。マメンチサウルスは、すべての恐竜の中で最も長い首をもっていたことで知られています。ジュラ紀後期に生息していました。

北アメリカからは2種が挙げられます。一つは、「スーパーサウルス（*Supersaurus*）」です。非常にシンプルな名前から巨大感が伝わってきませんか。こちらも全長は34メートル、体重は45トンという指摘があります。スーパーサウルスの仲間は、竜脚類の中でもとくに「長い」種が多く含まれており、近縁には20メートル超えの種ばかりいます。ジュラ紀後期の恐竜です。

北アメリカのもう一つの巨大な種は、「サウロポセイドン（*Sauroposeidon*）」です。サウロポセイドンも30メートル級で体重も50トン級といわれています。アルゼンチノサウルス以下の3種と比べると、サウロポセイドンは前脚が長いという特徴があります。長い首も

アルゼンチノサウルス

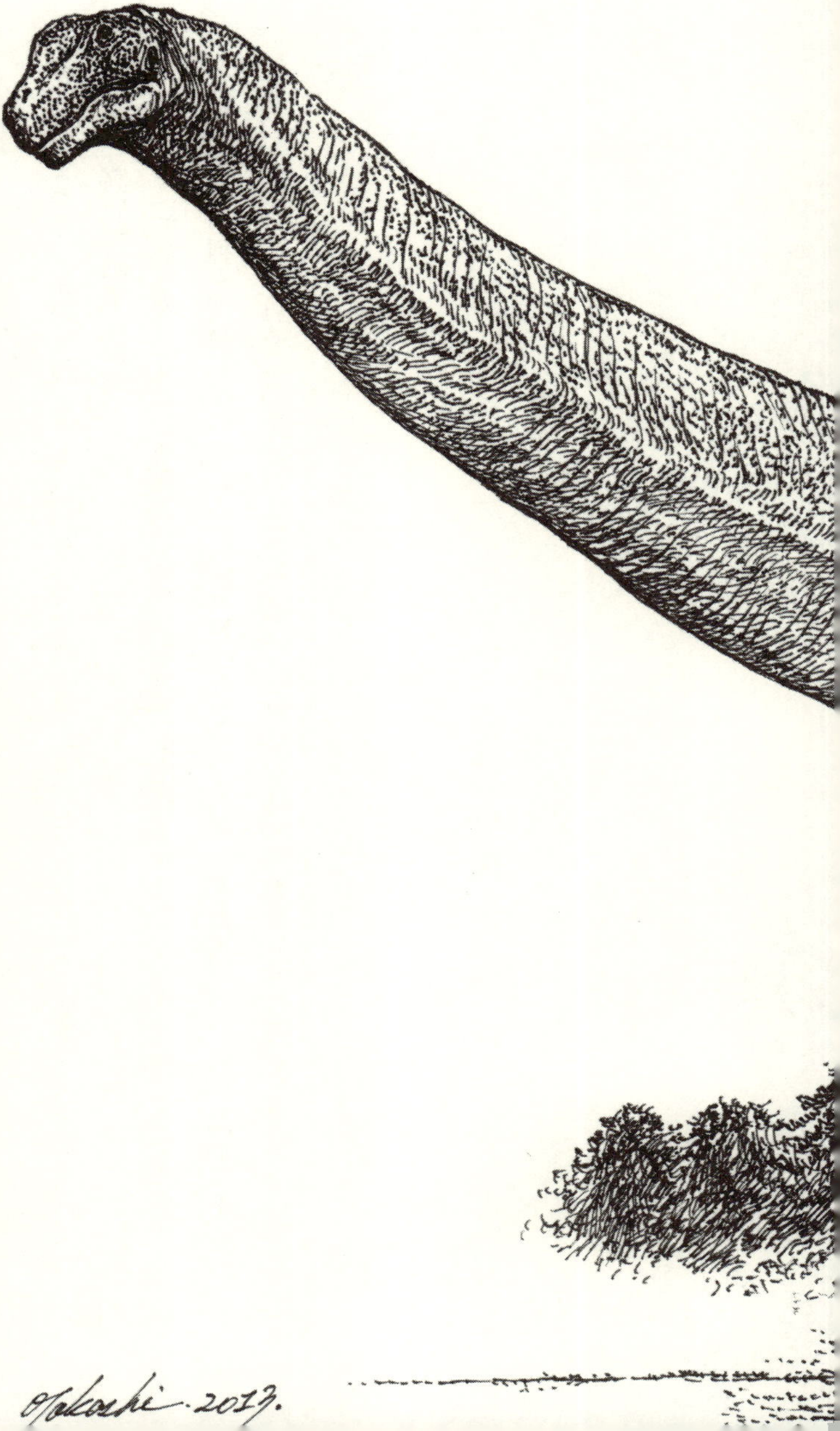

あいまって、先の3種よりも高い位置にまで首が届いた可能性があります。その意味で「最も高い」恐竜の候補です。

恐竜にかぎらず、巨大な動物ほど全身がそのまま化石に残ることは稀《まれ》です。ここに挙げたいずれの種も、発見されているのは脊椎骨などのほんの一部分で、これらの数値はその化石から推測されるものです。したがって、研究者によって数値が多少変動します。

Q 最小の恐竜は何？

「小さい恐竜」は、いろいろなグループにいました。主として、鳥類に近い獣脚類に小型のものが多い傾向にあります。しかしここではまず最初に、最小の鳥盤類である「フルイタデンス（*Fruitadens*）」を紹介しましょう（157ページイラスト）。

フルイタデンスは、「最小の鳥盤類」であると同時に「北アメリカ最小の恐竜」です。2010年に報告されたばかりの〝新種〟で、ジュラ紀後期に生息し、その大きさは全長65〜75センチメートルでした。「65〜75センチメートル」と聞くと「なんだ、大きいじゃん！」と思われるかもしれませんが、その半分以上は尾です。体重は0・5〜0・75キログラム。チワワよりも軽い恐竜です。

鳥盤類の恐竜は基本的に植物食ですが、ドイツのリチャード・J・バトラー博士たちは、顎《あご》の関節や、獲物を刺すことができた点などから、フルイタデンスは「ゼネラリスト」であったのではないか、と指摘しています。つまり、植物はもちろんのこと、昆虫や他の無脊椎動物も食べることができたとみられています。

獣脚類の中には、もっと小型の種もいました。例えば、「アンキオルニス（*Anchiornis*）」は全長35センチメートルしかありませんでした。アンキオルニスは中国のジュラ紀後期の地層から発見された羽毛恐竜です。

四肢に翼をもつことで知られ、その翼をのぞけば鳥類によく似ています。学名からして「ほとんど鳥」という意味です。実際、系統的にも鳥類に非常に近い位置にいました。体重は0・25キログラムと非常に軽量です。

このアンキオルニスに代表されるように、小型の獣脚類の中には、1メートル未満の種が数多くいました。なかには、飛行することができたくらい軽い種もいたとみられています。

フルイタデンス

Q 恐竜はどうやって戦っていた？

恐竜の仲間には、ツノや長い爪などさまざまな武装をもった種がいたことがわかっています。本書ではその中でも〝盾を装備〟した一大グループ、「装盾類《そうじゅんるい》」にとくに注目して紹介しましょう。

装盾類は、背中に板を並べた「剣竜類《けんりゅうるい》」と、背中を装甲でおおった「鎧竜類《よろいりゅうるい》」で構成されています。

剣竜類の代表種である「ステゴサウルス（*Stegosaurus*）」は背中に多数の骨の板（プレート）をもっていました（159ページイラスト）。プレートは幅80センチメートル、高さは1メートルにも達する大きなものです。この大きなプレートは、肉食恐竜に対する武装であると指摘されたことがありました。しかし近年の研究によって、プレートの内部は比較的スカスカで、強度がなかったことがわかりました。

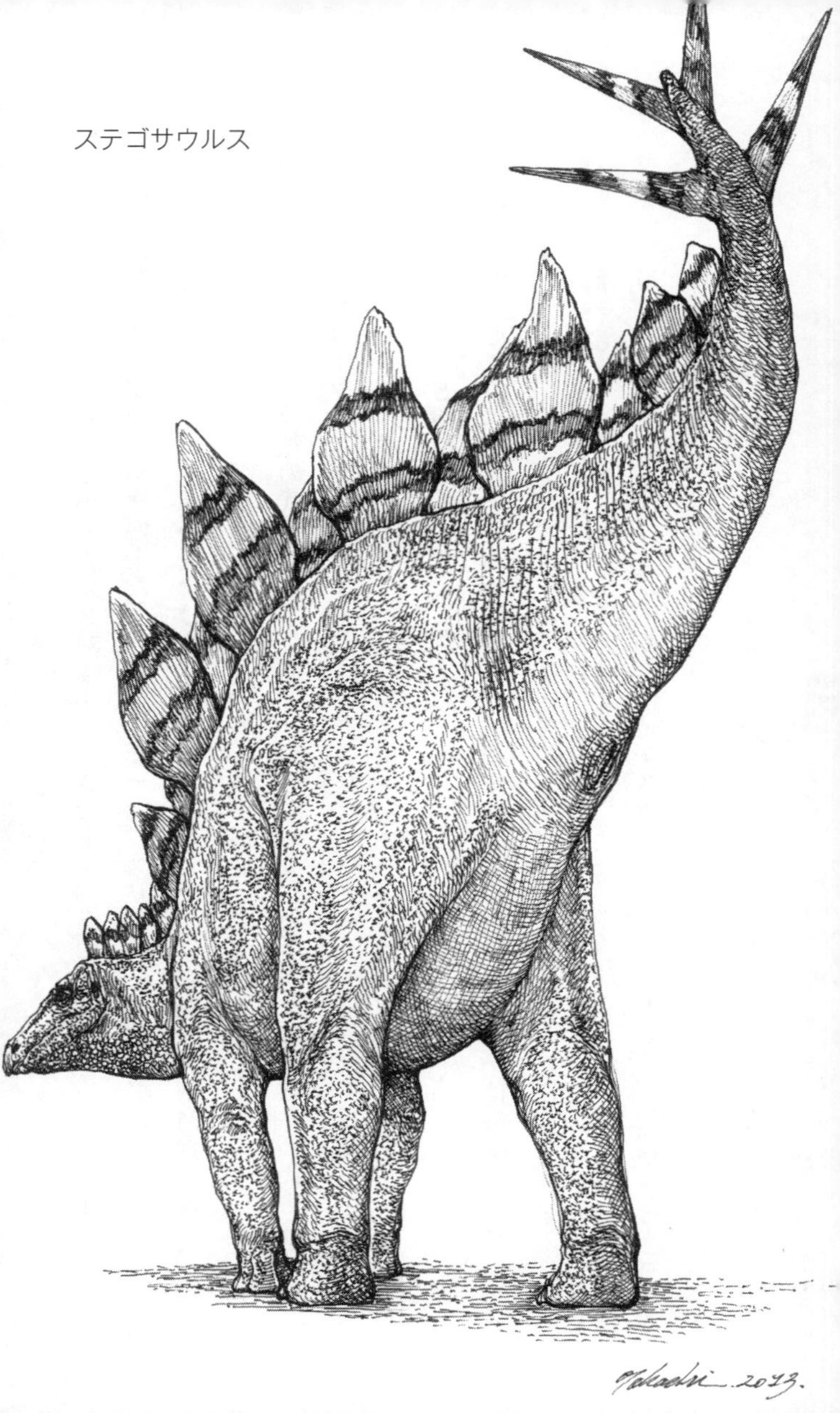

ステゴサウルス

一方で、ステゴサウルスは尾の先に2対4本の大きなトゲ（スパイク）をもっています。大阪市立自然史博物館の林昭次博士たちの研究によって、スパイクの内部は緻密《ちみつ》であることがわかっています。つまりスパイクは立派な武装だったのです。実際、大型肉食恐竜の腰の骨には、このスパイクで開けられたと思われる孔《あな》が確認されています。

鎧竜類には大きく2種類の武装があります。一つは尾の先にある「こぶ」です。代表種である「アンキロサウルス（*Ankylosaurus*）」（185ページイラスト）などがもっていました。ステゴサウルスのスパイクのように、鎧竜類のこぶもハンマーのような武器として使われていたのではないか、と指摘されてきました。

しかし実際のところは、このこぶが武器として使用されていたのかどうかは議論のあるところです。例えば、カナダのヴィクトリア・メガン・アルボア博士は、こぶに一定以上のサイズがあれば、相手の骨を砕くほどの衝撃を与えることができた、と指摘していますす。その一方で、林博士たちは、こぶの内部構造がスカスカであることから、武器として使うことには適していなかった可能性もあるとしています。

また、鎧竜類には、肩などに大きなトゲ（スパイク）を発達させた種がいました。例え

エドモントニア

ば「エドモントニア（*Edmontonia*）」などに、そのスパイクが確認できます（161ページイラスト）。少なくともエドモントニアに関しては、そのスパイクの内部構造がスカスカだったことがわかっています。

これは、同じスパイクでもステゴサウルスのものとは対照的であることを意味しています。つまり、エドモントニアの肩のスパイクは、武器として使われた可能性は低いということができます。

こうした「実は役立たない武装」は、一つには「はったり」として使われた可能性もあります。その他にも同種間での強さや異性へのアピールなどに使用された場合もあります。

Q 毒をもった恐竜はいたの？

「シノルニトサウルス（*Sinornithosaurus*）」という小型の獣脚類は、毒をもっていたという指摘があります。

シノルニトサウルスは、中国の白亜紀前期の地層から発見された全長2メートルにおよばない羽毛恐竜の1種です。腕には翼があったとみられています。

中国のエンプー・ゴン博士たちによって報告された研究によると、シノルニトサウルスの頭蓋骨の上顎に小さな空洞があり、その空洞が歯とつながっていたとのことです。しかもその歯には溝《みぞ》がありました。

この構造は現生の毒ヘビとよく似ていることから、シノルニトサウルスも同様に毒をもっていたと考えられています。つまり、頭蓋骨の小さな空洞に毒をため、そこから歯の溝へと毒液を送り込んでいたというわけです。

図5-1　シノルニトサウルスの頭蓋骨

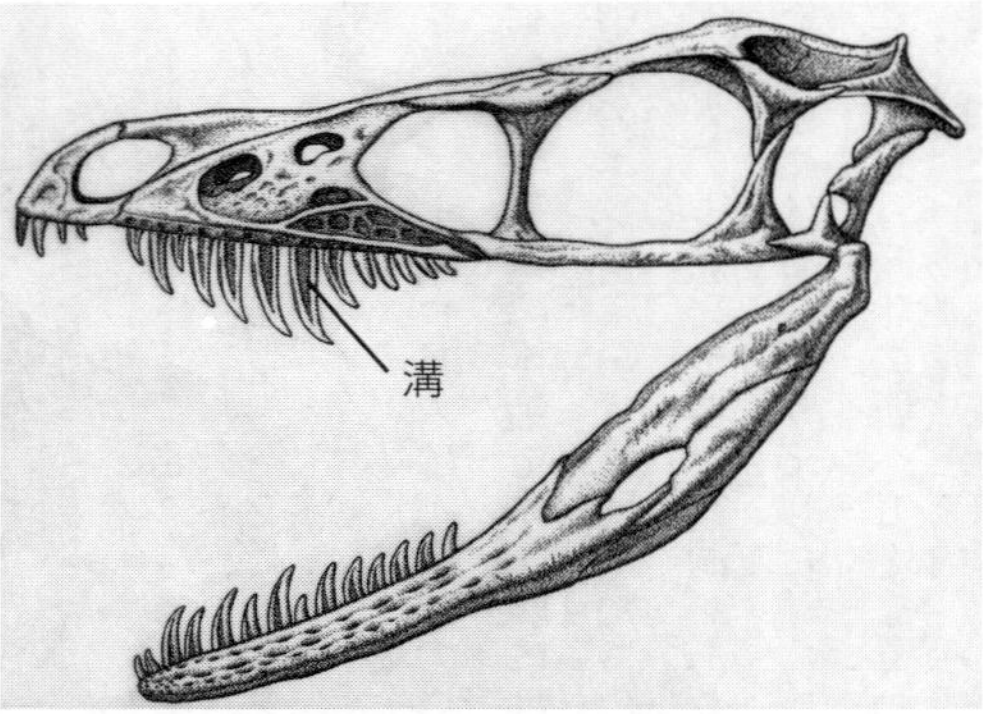

歯の溝を通して毒を出していたと考えられる。

illustration: Elizabeth Ebert

この研究では毒の使用用途についても言及されています。

同じように毒をもつ現生のヘビやトカゲから考えれば、シノルニトサウルスの毒は獲物を即死させるほどの威力はなかったのではないか、といいます。毒は獲物を麻痺《まひ》させるためのもので、その後にゆっくりと生きた獲物を食していたというわけです。

獲物は小型の鳥類だった可能性が高く、その肌に鋭い歯を突き立て、毒を流し込んでいたのではないか、と指摘されています。

なお、この研究に対して否定的な意見もあり、「毒はない」ともいわれています。今後の議論の展開が気になるところです。

Q 恐竜の珍種はいたの？

恐竜にはさまざまな姿をした種がいました。その意味では、珍種だらけともいうことができますが、本書ではあえて次の2種類の恐竜を紹介しましょう。

まずは、竜脚類の「ニジェールサウルス（*Nigersaurus*）」です（166ページイラスト）。アフリカのニジェール、テネレ砂漠の白亜紀前期の地層から発見されました。全長10・5メートルほどで竜脚類としては小柄です。

ニジェールサウルスが〝珍種〟たる理由は、その頭部にあります。上下の歯がほぼ横一列に並んでいるのです。その口の形はまるでハーモニカのようです。

このような口をした恐竜は他には発見されていません。首は高くは持ち上がらなかったようで、おそらく地面付近のやわらかい植物を切り取るように食べていたのではないか、とみられています。

ニジェールサウルス

パキリノサウルス

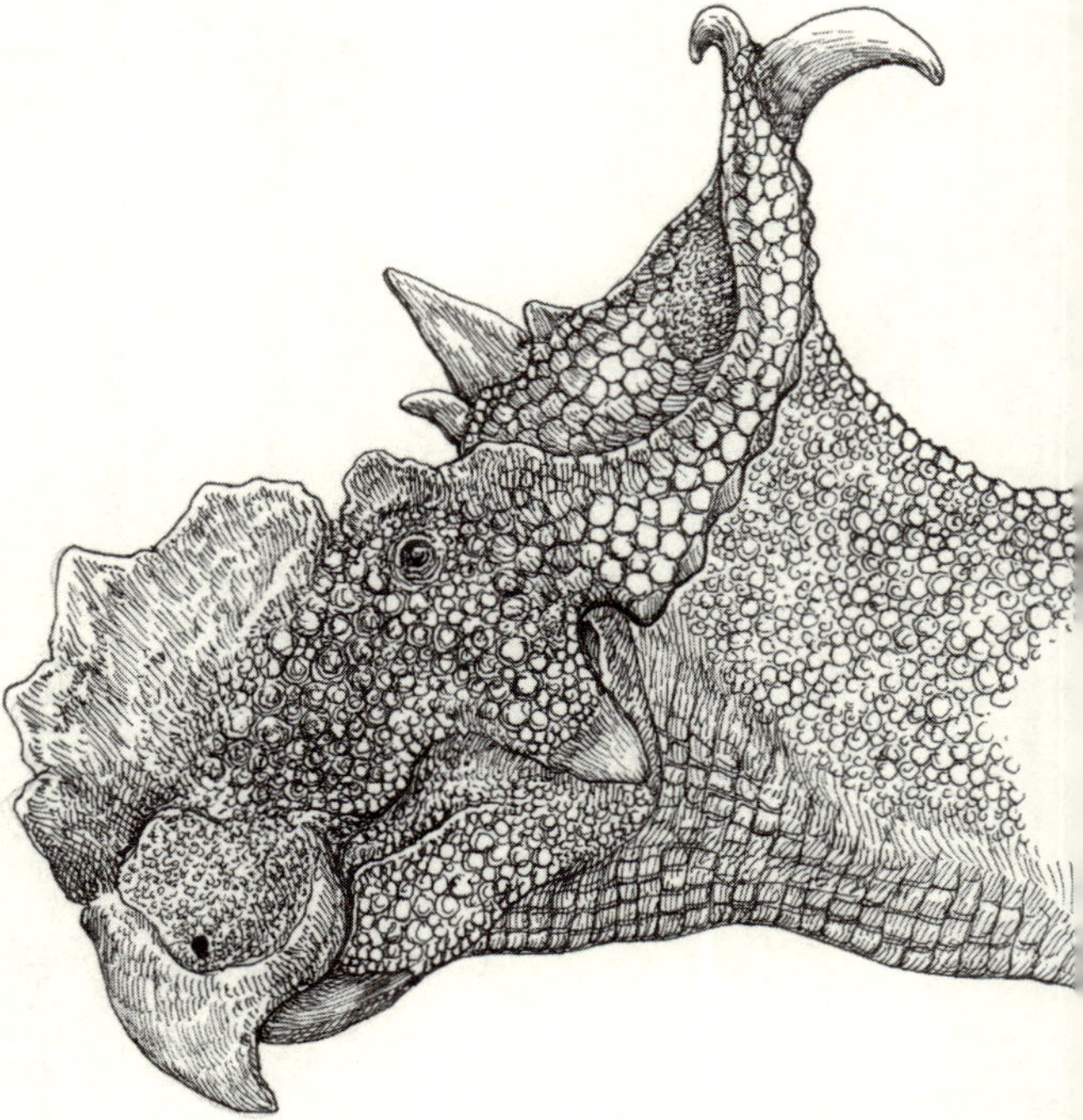

もう一つ、角竜類の「パキリノサウルス（*Pachyrhinosaurus*）」を紹介します（167ページイラスト）。カナダのアルバータ州や、アメリカのアラスカ州の白亜紀後期の地層から発見されています。全長は5〜6メートルほどです。有名な角竜類である「トリケラトプス（*Triceratops*）」に近縁です。

パキリノサウルスの特徴は、鼻先にあります。角竜類の仲間、とくにトリケラトプスに近縁のグループは、鼻先に角があることが知られています。しかし、パキリノサウルスは角のかわりに大きなこぶが発達しているのです。

「珍しい恐竜」に興味をもたれたら、ぜひ、図鑑を開いて自分の「お気に入り」をみつけてみてください。

Q 映画のような「肉食恐竜vs肉食恐竜」の闘いはあり得た？

例えば、映画『ジュラシック・パーク』のシリーズでは、「言わずと知れた恐竜の帝王ティラノサウルス（*Tyrannosaurus*）vs小型で鋭い爪を足にもつデイノニクス（*Deinonychus*／作中ではラプトルの名で登場）」というシーンや、「ティラノサウルスvs帆をもつ18メートル級の超大型肉食恐竜スピノサウルス（*Spinosaurus*）」というシーンが描かれています。

はたして、ティラノサウルスvsデイノニクス、ティラノサウルスvsスピノサウルスということは実際にあり得たのでしょうか？

答えを先に書いてしまえば、この対決シーンは成立しませんでした。

まず、ティラノサウルスvsデイノニクスに注目してみます。

ティラノサウルスは白亜紀末期（およそ7000万年前）の北アメリカに生息していた恐

竜です。一方で、デイノニクスは生息地こそ同じ北アメリカですが、白亜紀の中頃（およそ1億1000万年前）の恐竜です。つまり、この2種は生息年代が4000万年ほどずれているのです。4000万年という時間はちょっとピンとこないかもしれませんが、参考までにいくつか数値を紹介すると、恐竜が絶滅してから現在までが6600万年、人類の歴史は700万年ほどです。

ティラノサウルスvsスピノサウルスはどうでしょうか？

こちらは生息していた時代だけではなく、場所も大きく異なります。スピノサウルスが生息していたのは、白亜紀後期のはじまりで、年代は9500万年前頃です。ティラノサウルスとスピノサウルスでは3000万年ほどのずれがあるのです。そして、スピノサウルスの生息していた場所は、現在のエジプトでした。

映画は映画というわけですね。

しかし、肉食恐竜vs肉食恐竜という構図はなかったのかといえば、そうではないようです。実は、ティラノサウルス同士の闘いがあったという証拠が発見されています。しかも、「共食い」です。

アメリカのニコラス・R・ロングリッチ博士たちは、ティラノサウルスの足の骨などに、別のティラノサウルスがつけたとみられる歯型をいくつも発見しています。基本的に、ティラノサウルスのような恐竜に襲われたら、骨ごと噛《か》み砕《くだ》かれ、化石は残りにくくなります。それでもこうした化石が発見されるということは、確率から考えれば、日常的にティラノサウルスが共食いをしていた可能性を示唆しています。

一方で、ティラノサウルスの仲間には、幼体時に別のティラノサウルスの仲間によってつけられた〝浅い傷跡〟が発見されています。これは、相手の生命を狙ったものではなく、ちょっとした喧嘩《けんか》（じゃれあい？）の証拠であるとみられています。

Q 「〝最強の恐竜〟ティラノサウルス」について もっと知りたい！

本当に「最強」だった？　もっと大きな肉食恐竜もいたようだけど？

ティラノサウルスは、陸上生命史上、稀《まれ》にみる〝強力〟な肉食動物でした。その意味で、「最強の恐竜」であるということができるでしょう。

ティラノサウルスを「最強」たらしめている最大の要素は、大きくて力強い顎です。2012年にイギリスのK・T・ベイツ博士とP・L・ファーキンゲム博士は、コンピューターを使ってその力を推測しています。

この研究では、ティラノサウルスの噛む力は3万5000～5万7000ニュートンと算出されました。数値だけだとピンとこないかもしれませんが、現生動物でいえば、アリゲーターが3000～4000ニュートン、ライオンが4000ニュートン前後、オオカミが2000ニュートン弱、ヒトが1000ニュートン前後とされています。つまり、テ

ティラノサウルス

図 5-2 「噛む力」の比較

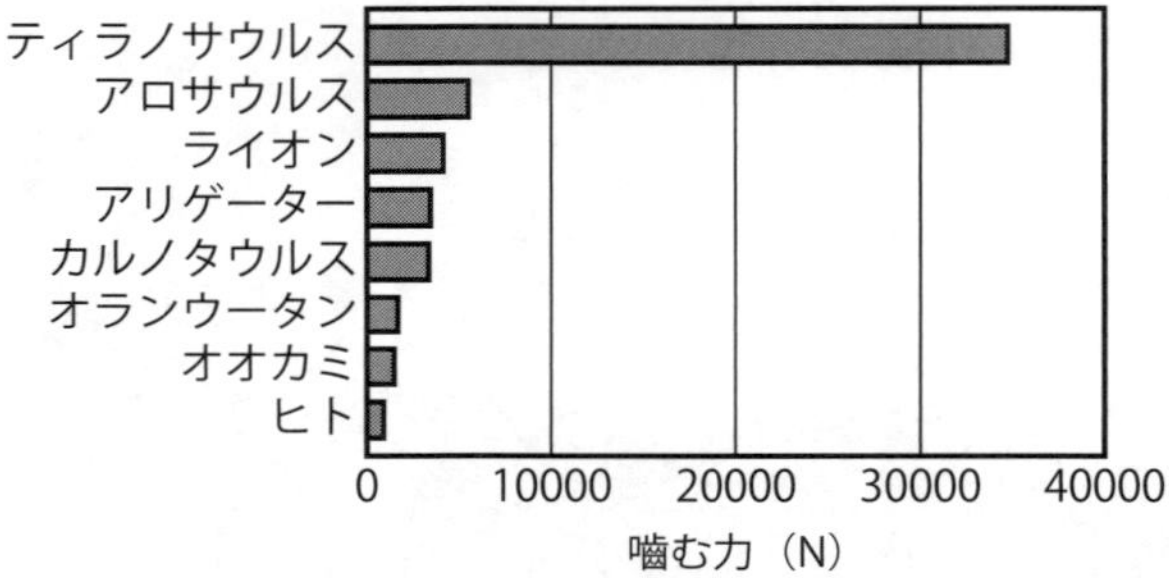

恐竜や現生種の噛む力をまとめたグラフ。ティラノサウルスの圧倒的な強さがわかる。

（Bates and Falkingham, 2012 を参考に制作）

ィラノサウルスの噛む力は、アリゲーターの十数倍、ライオンの十倍前後におよびます。これは、他の恐竜と比較してもずば抜けて大きな値です。

ティラノサウルスの歯は、太く大きく、がっしりとしています。この歯と強力な顎の力を使って、獲物を骨ごと噛み砕くことができたとみられています。

他にも、隠れている獲物を探知できる強力な嗅覚をもっていたことが、カナダのダーラ・K・ゼレニツキィ博士や本書監修者である北海道大学総合博物館の小林快次博士たちの研究によって、２００９年に明らかになっています（嗅覚については、99ページの「恐竜の五感の性能はどのくらい?」も参考に)。

正面を向いた眼で獲物までの距離を正確に測ることができるなど、狩りをする肉食動物として優れた〝性能〟を有しています。そのため、近年ではティラノサウルスのことを「超肉食恐竜」と呼ぶほどです。

では、ティラノサウルスよりも大型の肉食恐竜は、ティラノサウルスほど〝強く〟はなかったのでしょうか?

ティラノサウルスよりも大きな肉食恐竜としては、次の2種類がよく知られています。まずは、先の質問で紹介したエジプトの「スピノサウルス」です(67ページイラスト)。全長18メートルともいわれる巨大な恐竜です(ティラノサウルスは12メートル前後)。しかし、スピノサウルスの顎は細く、ティラノサウルスほど肉食向きではありませんでした。恐竜を食べることもあったようですが、スピノサウルスとその仲間にとっての主な獲物は、魚だったようです。その意味では、「強さ」はティラノサウルスに軍配があがるといえるでしょう。

他にもアルゼンチンから発見されている「ギガノトサウルス(*Giganotosaurus*)」は巨大

肉食恐竜としてよく知られています。全長は13～14メートルとティラノサウルス級です。南アメリカにおける「最大・最強」の代名詞ともいえる存在です。ただし、その頭部はティラノサウルスほど横幅がありません。比較的細長い頭部であり、このことはそのまま顎の力がティラノサウルスにおよばなかったことを示唆しています。

また、ティラノサウルスの歯が獲物を骨ごと噛み砕くことができるのに対して、ギガノトサウルスの歯ではそれができませんでした。こういった点に注目すると、やはりティラノサウルスこそが最強であるということができるでしょう。

ティラノサウルスとアロサウルスではどちらが強いの？

ティラノサウルスが白亜紀の恐竜世界の頂点にいたとすれば、「アロサウルス(*Allosaurus*)」はジュラ紀の恐竜世界の頂点にいたといえる恐竜です（66ページイラスト）。8・5メートル（資料によっては10メートル以上）という全長は、ジュラ紀末の恐竜世界では、大型になります。北アメリカに生息していました。

ただし、ティラノサウルスと比較すると、アロサウルスは非常にスレンダーな恐竜でした。とくに頭部の横幅がありません。噛む力も弱く、ベイツ博士とファーキンゲム博士の研究（172ページ参照）によれば、５０００～７０００ニュートンほどでした。これは、ティラノサウルスの6分の1前後の値になります。

アロサウルスは、獲物を噛み砕くのではなく、その肉を切り裂いて食べていたとみられています。つまり、食事の方法がティラノサウルスとは根本的に異なるのです。それでも単純に数値だけを比較すると、やはりティラノサウルスの方に軍配があがりそうです。

ティラノサウルスにはどんな仲間がいたの？

ティラノサウルスが所属している獣脚類のグループを、「ティラノサウルス類」といいます。このグループの代表的な恐竜をいくつか紹介しましょう。

ティラノサウルスとほぼ同じ時代の種としては、アジアの「タルボサウルス（*Tarbosaurus*）」（全長9・5メートル）と、北アメリカの「アルバートサウルス（*Albertosaurus*）」（全長8メートル）、「ゴルゴサウルス（*Gorgosaurus*）」（全長8メートル）などが挙げられます。これらの恐竜は、大きさこそティラノサウルスにはおよびませんが、その姿はティラノサウルスによく似ています。各地の生態系で上位にいたとみられる動物たちです。

こうした大型のティラノサウルス類に共通する特徴は「大きな頭部」、「小さな前脚」、「2本の指」などがあります。ここに挙げた特徴をもつものは、ティラノサウルス類としては〝進化型〟です。しかし、全長2・6メートルほどの小型種ながらも大型種と同じ特徴をもっていたのが「ラプトレックス（*Raptorex*）」です。ラプトレックスは、これまでに知られている〝進化型〟のティラノサウルス類としては最古のもので、白亜紀前期（およそ1億2500万年前頃）のアジアに生息していました。なお、ラプトレックスは、タルボサウルスの幼体ではないか、という指摘もあります。

異色のティラノサウルス類として、2012年に中国のシュウ・シン博士たちが報告した「ユウティラヌス（*Yutyrannus*）」がいます。全長9メートルほどで、ラプトレックスとほぼ同時代のアジアに生息していました。「大きな頭部」と「小さな前脚」をもちますが、例えば指の数は2本ではなく「3本」であるという、ラプトレックスよりもやや原始的な特徴があります。9メートルという大型種で初めて羽毛が確認された恐竜です。

あと2種類を紹介しておきましょう。

ラプトレックスやユウティラヌスとほぼ同時代のアジアに生息していた「ディロング(*Dilong*)」は、全長1・5メートルという小型種でした。羽毛をもっていたことが確認されています。そして、すべてのティラノサウルス類の中で最も古い種として、1億6000万年ほど前のアジアに「グアンロン（*Guanlong*)」がいました。全長3メートルほどで、頭部にトサカをもっていたという特徴があります。

ティラノサウルスは何歳で大人になるの？

恐竜の年齢を知るための方法の一つとして、骨に残された年輪を調べる方法があります。樹木と同じように、骨にも年輪があるのです（136ページ参照）。

アメリカのグレゴリー・M・エリクソン博士たちは、ティラノサウルス類の骨を詳しく調べ、発表しています。エリクソン博士たちの研究によれば、ティラノサウルスの「成長期」は10代で、最もはげしいときには1年で767キログラムも大きくなっていたとのことです。これは、1日2キログラムの割合で成長していくことを意味しています。そし

図5-3　ティラノサウルスの成長

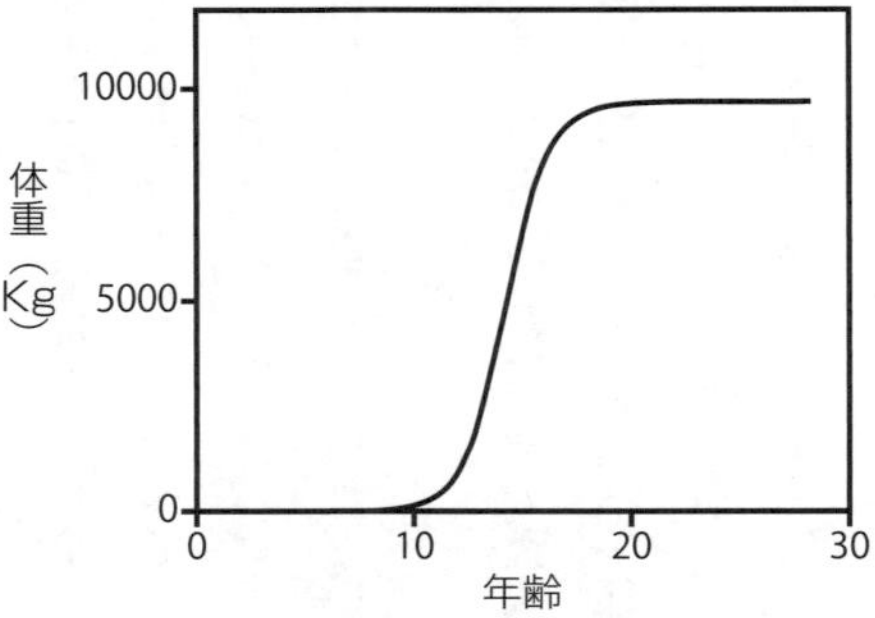

ティラノサウルスの一生の成長曲線。10代半ばで急激に成長していることがわかる。
（Hutchinson et al., 2011 を参考に制作）

て、大人、つまり性成熟をむかえたのは20歳頃だったといわれています。

成長率に関しては、他の研究もあります。イギリスのジョン・R・ハッチンソン博士たちは、ティラノサウルスの成長期の成長率は、最大で1年に約1・8トンもあったとしています（図5―3）。この研究では性成熟をしたのは、16〜17歳頃ではないか、ということです。

ティラノサウルスの腕はなぜ短いの？

ティラノサウルスの腕は、その体の割に非常に短いことがよく知られています。実際、全長12メートル以上とされるティラノサウル

図5-4　起き上がるティラノサウルス

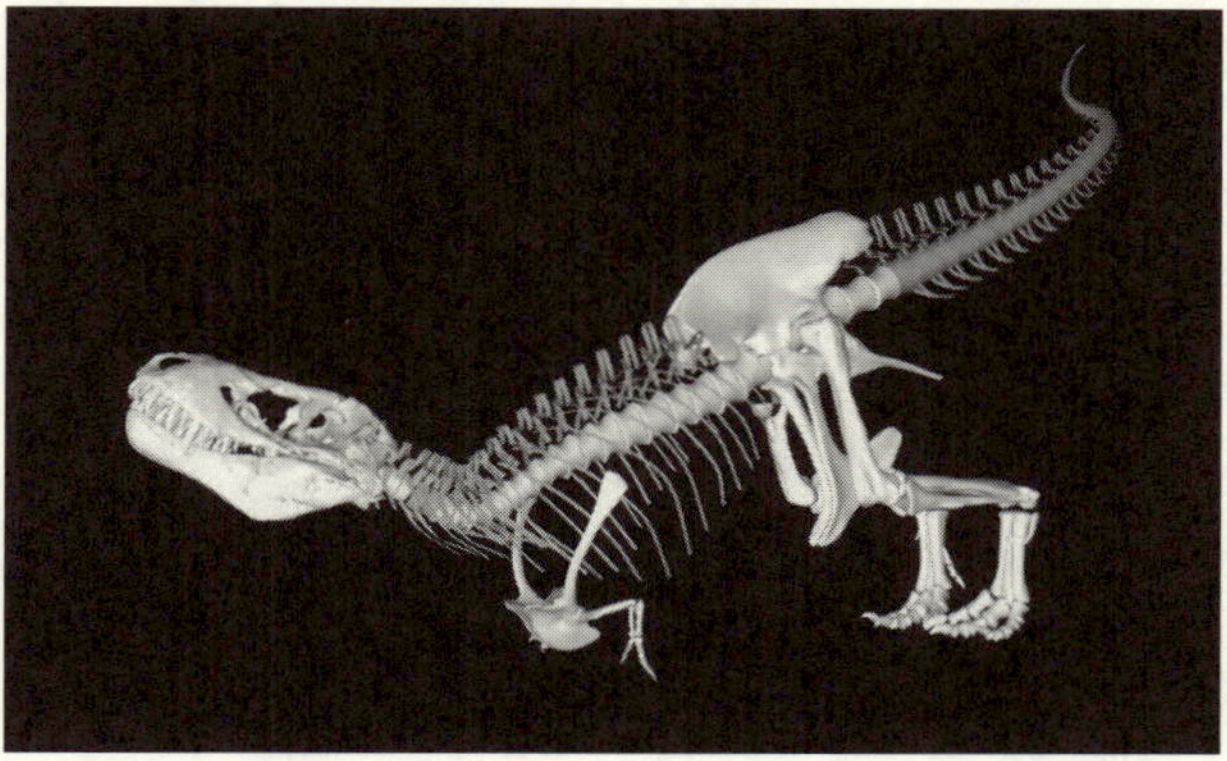

ティラノサウルスは、休憩時のしゃがんだ体勢から起き上がる際に、腕を使っていたと考えられている。

ケント・A・スティーブンス博士のHP
(http://ix.cs.uoregon.edu/~kent/index.html) より転載
(Stevens, Kent A., Peter Larson, Eric D. Wills, and Art Andersen〔2008〕Rex, sit. Digital modeling of Tyrannosaurus rex at rest. In: Tyrannosaurus rex: The tyrant king, Larson, P. and K. Carpenter, eds. Indiana University Press.)

スであっても、腕の長さは1メートルにおよびません。人間の大人の腕より少し長いといったところです。

ティラノサウルスの腕は、何のためにあったのでしょうか？

アメリカのケント・A・スティーブンス博士は、自分のウェブサイトでティラノサウルスが腕を使って起き上がる動画を公開しています（図5－4）。

ティラノサウルスが休憩等のためにしゃがみ、そして起き上がる際に、手をついてから後ろ足を上げれば、より安定して立ち上がることができたと分析されています。このことは、叉骨《さこつ》の骨折が多いことによっても裏付けられています。叉骨は、両腕の間にあるブーメランのような骨です（32ページ参照）。手をついて起き上がるときには、一時的とはいえ大きな力が腕にかかります。その力は叉骨へと伝わります。叉骨の骨折が多いのは、この力による疲労骨折ではないか、というわけです。

もっとも、腕が起き上がるためだけに使われたとはみられていません。スティーブンス博士は、獲物をつかむことにも、交尾のときに相手を押さえることにも使われたかもしれないと指摘しています。

Q ステゴサウルスの骨の板は、いったい何が進化したの？

背中に並ぶ骨の板（プレート）は、剣竜類を代表する種である「ステゴサウルス（*Stegosaurus*）」の最大の特徴ですね（159ページイラスト）。

剣竜類の進化を逆にたどっていくと、背中の板はしだいに小さくなっていきます。そうしてたどりつくのは「皮骨《ひこつ》」と呼ばれる小さな板です。これは、現生のワニ類にも確認されるものです。つまり、ステゴサウルスの背中の板は、ワニ類がもつような小さな骨の板から進化していったものだと考えられています。

実は、同じような進化をたどっているのが、鎧竜類の装甲板です。「アンキロサウルス」（185ページイラスト）に代表される鎧竜類は、背中が丈夫な骨の板でおおわれています。こちらも進化を逆にたどっていくと、やはり同じように「皮骨」に結びつくのです。

こうした研究は、林昭次博士たちによるものです。林博士たちによれば、剣竜類の骨の板は皮骨が縦方向に進化したものであるのに対し、鎧竜類の装甲板は皮骨が横方向に進化したものであるということになります。縦か横か。その違いが武装のちがいを生み出した、というわけです。

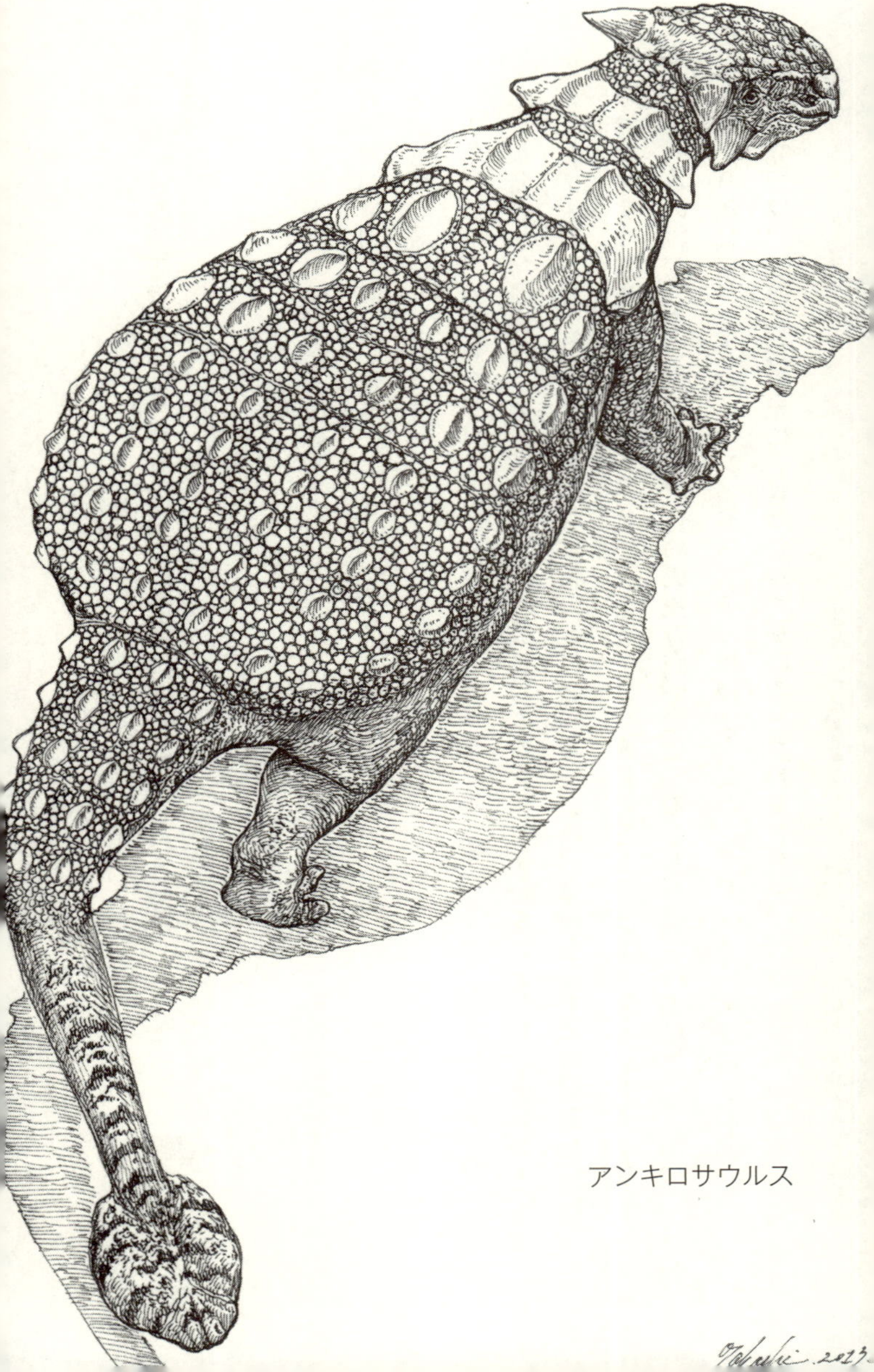

アンキロサウルス

Q トリケラトプスとトロサウルスは同じ種、違う種？

「トリケラトプス（*Triceratops*）とトロサウルス（*Torosaurus*）が同じ種である」という話題は、２０１０年にインターネット上で盛り上がりました。

その経緯を説明しましょう。

もともと２００６年にアメリカのジョン・R・ホーナー博士とマーク・B・ゴッドウィン博士が発表した研究で、トリケラトプスの成長による変化が報告されました。成体のトリケラトプスは、大きなフリルをもち、眼の上に２本の長い角、鼻の上に１本の角をもちます。ホーナー博士とゴッドウィン博士の研究では、成長にともなってフリルが大きくなり、フリルの縁《ふち》が丸くなり、そして角の成長方向が変化することが示されました。

２０１０年にアメリカのジョン・B・スカネラ博士とジョン・R・ホーナー博士が発表した研究では、この成長の先にトロサウルスがいるとされました。

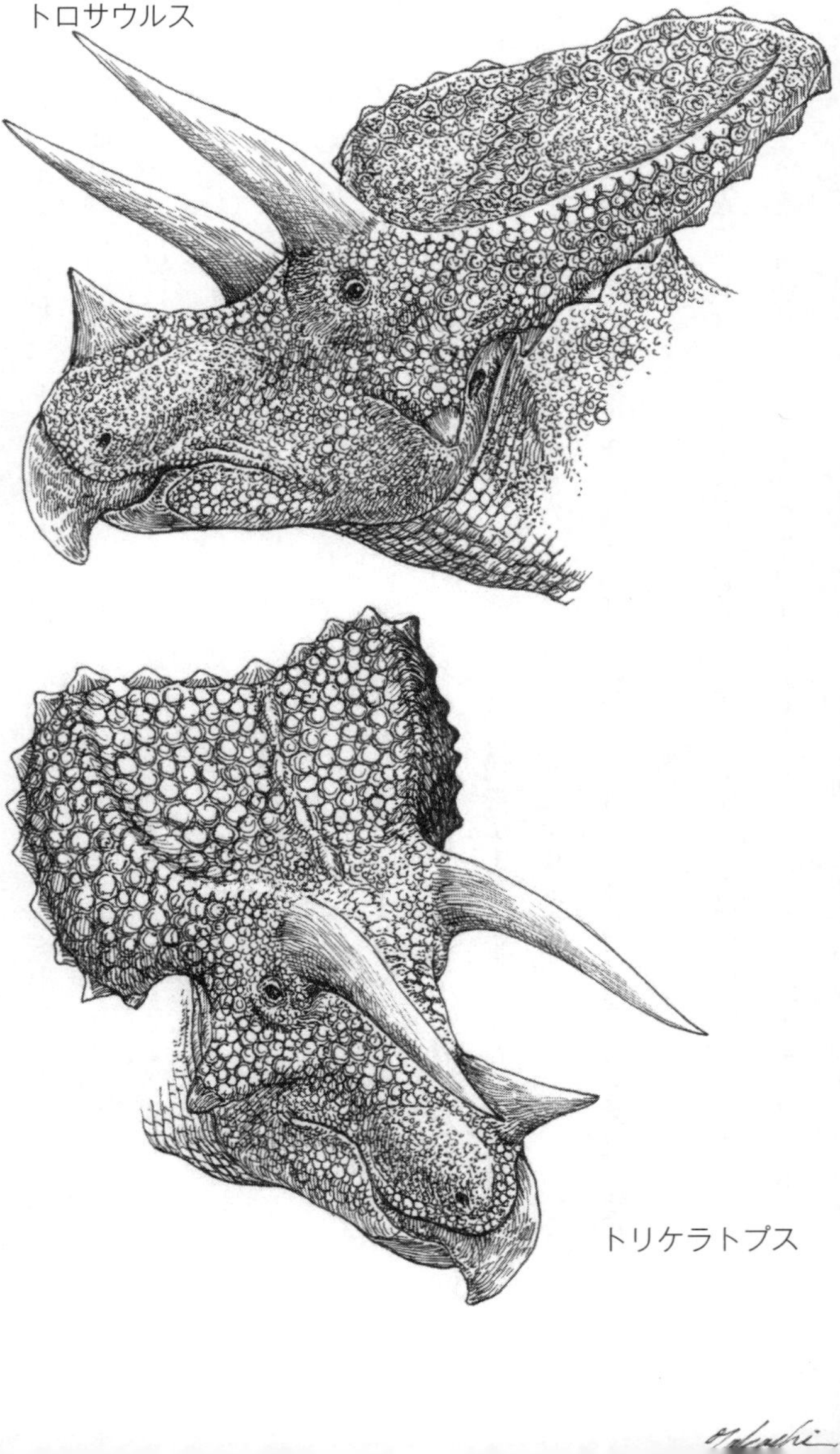
トロサウルス
トリケラトプス

トロサウルスの化石は、トリケラトプスの化石と同じ地層から産出します。したがって、ほぼ同じ時代のほぼ同じ場所に生息していた角竜類ということになります。トロサウルスの姿はトリケラトプスとよく似ており、フリルはトリケラトプスよりも大きく、その縁はより丸みをおびていて、角はより長いのです（187ページイラスト）。このことに注目したスカネラ博士とホーナー博士は、トロサウルスはトリケラトプスの成長した姿、すなわち両者は同種である、と結論しました。

別種として報告された動物が、のちの研究で同種ということが明らかになった場合、基本的に報告が遅かった種の学名が抹消され、最初に報告された種の学名に統一されます。トリケラトプスの報告が1889年、トロサウルスの報告が1891年なので、両者が本当に同一の種ならば、トロサウルスの学名が消えることになります。

しかし、スカネラ博士とホーナー博士の研究に対しては、即座に反対意見の論文が提出されました。

2011年に「トロサウルスはやはりトリケラトプスではない（*Torosaurus* Is Not *Triceratops*）」という直球のタイトルで論文を発表したのは、アメリカのニコラス・R・ロングリッチ博士と、ダニエル・J・フィールド博士です。ロングリッチ博士とフィールド博士は、トリケラトプスとトロサウルスの頭骨を詳しく分析し、両者の間に中間的な頭骨の標本がないことなどから（成長しているのだったら、中間的な「成長途中」の標本があるはず）、両者はまったくの別種であると結論づけました。

このように、現時点ではトリケラトプスとトロサウルスは同種であるかどうかということについては、まだ結論が出ていません。

Q 北アメリカの白亜紀後期の地層から、竜脚類の化石があまりみつからないのはなぜ？

北アメリカの竜脚類といえば、ジュラ紀後期のものが有名です。白亜紀後期の地層からは竜脚類の化石はほとんど出ていません。しかし世界的にみると白亜紀後期に竜脚類が絶滅していたというわけではなく、アジアや南アメリカなどでは化石が発見されています。なぜ、北アメリカの白亜紀後期の地層から竜脚類の化石が産出しないのでしょう？

二つの仮説があります。

一つは白亜紀後期に台頭した角竜類や鳥脚類などの進化型の植物食恐竜との競争に敗れたという見方です。単純に植物をむしり取るだけの竜脚類とは異なり、角竜類や鳥脚類の恐竜は効率的に植物をすり潰《つぶ》してから飲み込むことができました。彼らとの生存競争に敗れ、竜脚類は滅んだか、あるいはアジアや南アメリカへ追いやられたのではないか、というものです。

もう一つは、北アメリカの竜脚類は滅んだように見えるだけで、竜脚類の化石を残さないような環境にあったのではないか、というものです。つまり、本当に絶滅したのではなく、別の理由で「発見されていないだけ」というわけです。

実は、北アメリカの白亜紀後期の地層からまったく竜脚類の化石が産出しないというわけではありません。白亜紀末期になると竜脚類の化石が産出するため、その竜脚類が別の大陸から〝戻ってきた〟種なのか、それとも北アメリカの中で生き抜いてきた種なのかが現在の議論の焦点になっています。

例えば、アメリカのマイケル・D・デミック博士たちは、アメリカのアリゾナ州から産出する化石を再検討するなどして、白亜紀末期の竜脚類がどのように出現したのかを解き明かそうとしています。

この場合、北アメリカと、アジアや南アメリカなどが「いつ」つながっていて、北アメリカにおける〝竜脚類の絶滅の期間〟がいつからいつまでだったのかが研究の対象となります。

つまり、白亜紀末期に竜脚類が出現したとき、他の大陸とつながる〝道〟ができていれば、彼らは他の大陸から北アメリカに戻ってきた可能性が高くなります。一方、竜脚類が出現したときに北アメリカ大陸が孤立した存在だったら、これまで〝竜脚類の絶滅の期間〟とみられていたのはみかけ上の問題で、実は存在していたのだけれども、何らかの理由で化石として発見されなかっただけ、となります。

デミック博士たちの研究では、白亜紀後期の最後の３５００万年にわたってアジアと北アメリカには地峡が存在しており、北アメリカと南アメリカの間には白亜紀末の５００万年前から地峡が存在したことが示されました。そして、北アメリカの竜脚類の再登場は、南アメリカとつながっていた時期と近いことも示されています。こうした〝回廊〟が、竜脚類の出現に一役買ったのかもしれません。

Q どうしてブロントサウルスはいなくなったの？

「ブロントサウルス（*Brontosaurus*）」という名前の恐竜は、とくに21世紀に入ってからつくられた図鑑ではみられなくなりました。しかし、今、ちょうどお子さんが小学生になりそうな世代の大人のみなさん（そして、それ以上の世代のみなさん）が子どもの頃には、多くの図鑑でみられたものでした。大きな恐竜の代表といえば「ブロントサウルス」と覚えていた方も多いと思います。

今では、ブロントサウルスは「アパトサウルス（*Apatosaurus*）」（195ページイラスト）と同種だということが明らかになり、学名の先取権の規則にしたがって、先に学名がつけられたアパトサウルスに名前が統一されています。ブロントサウルスの学名は抹消されたのです。

もともと１８７７年にアパトサウルスが報告され、次いで１８７９年にブロントサウルスが報告されました。報告したのは、両種ともアメリカのオスニエル・C・マーシュ博士で、当時の恐竜学界では世界的な著名人でした。

ところが1903年になって、アメリカのエルマー・S・リッグス博士により、この両種が同種であることが指摘されました。この研究によって、20世紀はじめにはブロントサウルスはアパトサウルスに統一されていたのです。

しかし、このリッグス博士の研究は、あまり広く知られることのないまま歳月だけがすぎていきます。実際、1980年代になっても、ブロントサウルスという名前は、いろいろな場所で使われていました。

今日では、これらの経緯は正確に把握され、さまざまな媒体でブロントサウルスではなく、アパトサウルスという名前が使われるようになっています。ブロントサウルスはいなくなったわけではなく、今日でもアパトサウルスという名前で残っているのです。

アパトサウルス

Q 最新の恐竜情報を知るにはどうすればいいの？

最新情報、という意味では強いのはやはりインターネットです。

二つの情報サイトを紹介しましょう。どちらも、研究者や報道機関が運営しているのではなく、アマチュアの方の運営によるものですが、恐竜情報の発信に関して10年以上の実績をもつ老舗《しにせ》のサイトです。

『恐竜の楽園』(http://www.dino-paradise.com/)

ほぼ毎日、恐竜に関する最新情報や、論文を紹介しています。新聞などでは報道されていない恐竜ニュースもわかりやすく解説しています。

『恐竜パンテオン』(http://www.dino-pantheon.com/)

ほぼ毎日、恐竜に関する最新情報や、論文、書籍を紹介しています。こちらも新聞などでは報道されていない情報を紹介しています。

恐竜に限定したものではありませんが、Twitterアカウントをお持ちの方は、筆者（土屋）のTwitter（https://twitter.com/paleont_kt）にもご注目ください。平日はほぼ毎朝、新聞などで報道される古生物、地質、ジオパークなどのニュースを紹介しています（サイエンスライターとしてのつぶやきもあります）。

その他、月刊誌では『子供の科学』（誠文堂新光社）や『Newton』（ニュートンプレス）で短報ニュースのコーナーがあり、一般向けにわかりやすく情報をまとめています。どちらの雑誌でも、短報以上のページ数を割《さ》くこともあります。ただし、月刊誌という性質上、情報の発信には発表から出版まで多少のタイムラグはあります。

一方で、こうした情報は「最新情報」ではありますが、いずれも断片的なものです。例えば、子どもに教えることなどを目的とするのでしたら、やはり情報が整理されている「書籍」が一番です。いくつか難易度別に紹介します。

初級としては、いわゆる「学習図鑑」が該当します。小学館、学研、講談社、ポプラ社などの出版社が刊行している学習図鑑は、網羅的に情報が揃《そろ》っています。

中級としては、本書のような普及啓蒙《けいもう》書です。こうした本にはそれぞれ特徴がありますので、いろいろとページを開いて確認してみてください。研究者が直接執筆している例もあれば、本書のように研究者の監修のもとにサイエンスライターが執筆している例、そして、サイエンスライターが単独で執筆している例などさまざまなものがあります。

また、こうした書籍の中で、とくに基礎知識を整理したいという場合には、2006年に刊行された『恐竜学』(David E. Fastovsky, David B.Weishampel・著、真鍋真・訳、丸善出版)がおすすめです。

上級としては、日本古生物学会の年会や例会に参加するということを挙げることができます。日本古生物学会は、毎年夏と冬に「年会」、「例会」と呼ばれる発表・交流会を開催しており、その場ではまさに研究者による最新の研究成果が発表されます。参加費さえ払えば、学会員でなくても聴講できます。詳細は、日本古生物学会のサイト(http://www.palaeo-soc-japan.jp/)で確認してみてください。

Q 恐竜を研究している人は、今、世界にどのくらいいるの？

「恐竜学の専門家」というわけではなく、例えば、生物学を専門とする研究者で恐竜を題材としている人や、地質学を専門とする研究者で恐竜を題材としている人もいます。哺乳類の専門家でも恐竜を研究する場合や、ワニや鳥類の研究をしていて恐竜との関連にせまる研究者もいます。その意味で、「恐竜を研究している」という人は、世界中にたくさんいます。したがって、その人数を正確に数えることはほぼ不可能です。

University of California Press が刊行している『The Dinosauria』という、恐竜学の教科書的な存在の洋書があります。２００４年に刊行されたその第2版には、約40人の研究者が執筆に当たっています。しかし、この数字はすべてというわけではありませんので、実際には１００～２００人の「恐竜研究者」が世界にはいるとみられます。

ちなみに、日本にはどのくらい恐竜の研究者がいるのでしょうか？

今度は、すでに「職を得ている」という視点で〝恐竜研究者〟を探すと、20〜30人いることになります。もっとも、この数値は2013年の本書執筆時点のものです。研究の世界に飛び込む若手は増える傾向にあり、多くの若い研究者が毎年のように誕生しています。日本は世界でも恐竜研究者が多い国です。なお、世界で恐竜の研究が盛んなのは、歴史的にも北米とヨーロッパの国々です。

Q 本格的に「恐竜」を勉強（研究）するためには どうしたら良いの？

20～30年前は、恐竜を本格的に勉強するためには、海外の大学へ留学する必要がありました。しかし現在は、海外へ留学して恐竜学を修めてきた研究者が帰国し、日本の大学でも恐竜を研究できる場所がつくられるようになりました。

２０１３年本書執筆時点で、恐竜を研究できる大学は日本に三つあります。まず、本書の監修者である小林快次博士が所属する北海道大学があります。日本で本格的に開講した最初の大学研究室です。

また、東京大学では對比地《ついひじ》孝亘《たかのぶ》博士、福岡大学では田上《たのうえ》響《きよう》博士がそれぞれ恐竜研究をテーマにした研究室を開講しています。いずれも、研究のやり方や対象、指導方針が異なりますので、進学を検討する場合は、必ずホームページなどで確認してください。

他にも例えば、地質学などをしっかりと学ぶことのできる大学に入学して、その後、大学院から上記の研究室へ移るという方法もあります。

こうした情報の収集を支援する組織として、日本古生物学会が運営する「化石友の会」という組織があります。化石友の会では、恐竜に限らず、古生物全般に関する情報共有や会員の交流が可能です。

詳しくは、化石友の会のホームページ(http://www.palaeo-soc-japan.jp/friends/index.html)をのぞいてみてください。

参考文献リスト

※本書に登場する年代値は、とくに断わりのないかぎり、International Commission on Stratigraphy, 2012, INTERNATIONAL STRATIGRAPHIC CHARTを使用している。

〈第1章〉

【一般書籍（和書）】

『大人の恐竜大図鑑』 監修：小林快次，藻谷亮介，佐藤たまき，ロバート・ジェンキンズ，小西卓也，平山廉，大橋智之，冨田幸光，執筆：土屋健，2013年刊行，洋泉社

『恐竜の復元』監修：真鍋真，監修・執筆：小林快次，平山廉，執筆：池尻武仁，大橋智之，久保田克弘，林昭次，平沢達矢，藤原慎一，ロス・ダミアーニー，イラスト・造形：小田隆，田淵良二，徳川広和，GARY STAAB，KAREN CARR，TODD MARSHALL，TYLER KEILLOR，2008年刊行，学習研究社

『恐竜ホネホネ学』 著：犬塚則久，2006年刊行，日本放送出版協会

『古生物学事典 第2版』編集：日本古生物学会，2010年刊行，朝倉書店

『種を記載する』 ジュディス・E・ウィンストン，2008年刊行，新井書院

『世界恐竜発見史』 著：ダレン・ネイシュ，2010年刊行，ネコ・パブリッシング

『そして恐竜は鳥になった』 監修：小林快次，執筆：土屋健，2013年刊行，誠文堂新光社

『ホルツ博士の最新恐竜事典』 著：トーマス・R・ホルツ Jr，2010年刊行，朝倉書店

【一般雑誌記事】

笹沢教一，2013年，サウルスを竜と訳した人，ジオルジュ，2013年前期号，p15

【一般書籍（洋書）】
『The Dinosauria』2004年刊行，University of California Press
【学術論文】
David E. Fastovsky, Yifan Huang, Jason Hsu, Jamie Martin-McNaughton, Peter M. Sheehan, David B. Weishampel, 2004, Shape of Mesozoic dinosaur richness, Geology, v. 32, no. 10, p. 877-880

Nicholas R. Longrich, Tim Tokaryk, Daniel J. Field, 2011, Mass extinction of birds at the Cretaceous-Paleogene (K-Pg) boundary, PNAS, vol. 108, no. 37, 15253-15257

Paul M. Barrett, Alistair J. McGowan, Victoria Page, 2009, Dinosaur diversity and the rock record, Proc. R. Soc. B, 276, 2667-2674

Zhe-Xi Luo, 2007, Transformation and diversification in early mammal evolution, Nature, vol. 450, p1011-1019

〈第2章〉
【一般書籍（和書）】
『恐竜時代Ⅰ』　著：小林快次，2012年刊行，岩波ジュニア新書
『決着！　恐竜絶滅論争』　著：後藤和久，2011年刊行，岩波書店
『シーラカンス』　著：籔本美孝，2008年刊行，東海大学出版会
『生命史35億年の大事件ファイル』編集：土屋健，2010年刊行，ニュートンプレス
『そして恐竜は鳥になった』　監修：小林快次，執筆：土屋健，2013年刊行，誠文堂新光社
【企画展公式カタログ】
『恐竜博2011』　国立科学博物館
【WEBサイト】
DARREN NAISH: TETRAPOD ZOOLOGY
http://darrennaish.blogspot.jp/2006/11/dinosauroids-revisited.html

【学術論文】
久保泰，2011，三畳紀の恐竜型類における植物食と二足歩行の進化，福井県立恐竜博物館紀要，10，55-62
Matt Kaplan, 2012, DNA has a 521year halflife, NATURE NEWS, 10 October
Morten E. Allentoft, Matthew Collins, David Harker, James Haile, Charlotte L. Oskam, Marie L. Hale, Paula, F. Campos, Jose A. Samaniego, M. Thomas P. Gilbert, Eske Willerslev, Guojie Zhang, R. Paul Scofield, Richard N. Holdaway, Michael Bunce, 2012, The half-life of DNA in bone: measuring decay kinetics in 158 dated fossils, Proc. R. Soc. B, 279, 4724-4733
Morten E. Allentoft, Stephan C. Schuster, Richard N. Holdaway, Marie L. Hale, Emma McLay, Charlotte Oskam, M. Thomas P. Gilbert, Peter Spencer, Eske Willerslev, Michael Bunce, 2009, Identifcation of microsatellites from an extinct moa species using highthroughput (454) sequence data, BioTechniques vol.46, No.3 195-200
Stephen L. Brusatte, Grzegorz Niedźwiedzki, Richard J. Butler, 2011, Footprints pull origin and diversification of dinosaur stem lineage deep into Early Triassic, Proc. R. Soc. B, 278, 1107-1113

〈第３章〉
【一般書籍（和書）】
『恐竜・古生物 ILLUSTRATED』 編集：土屋健，2010年刊行，ニュートンプレス
『恐竜時代Ｉ』 著：小林快次，2012年刊行，岩波ジュニア新書
『そして恐竜は鳥になった』 監修：小林快次，執筆：土屋健，2013年刊行，誠文堂新光社
『ホルツ博士の最新恐竜事典』 著：トーマス・R・ホルツ Jr，2010年刊行，朝倉書店
【一般書籍（洋書）】

『Biology of the Sauropod Dinosaurus』 編集：Nicole Klein, Kristian Remes, Carole T. Gee, P. Martin Sander, 2011 年刊行, Indiana University Press

『Dinosaur Paleobiology』 著：Stephen L. Brusatte, 2012 年刊行, Wiley-Blackwell

【WEB 記事】

「『ジュラシック・パーク』の恐竜のうなり声は、カメの交尾の音を録音して作られていた！」, シネマトゥデイ, 2013 年 4 月 17 日

【学術論文】

Darla K. Zelenitsky, François Therrien, Yoshitsugu Kobayashi, 2009, Olfactory acuity in theropods: palaeobiological and evolutionary implications, Proc. R. Soc. B, 276, 667-673

Holly E. Barden, Susannah C. R. Maidment, 2011, Evidence for Sexual Dimorphism in the Stegosaurian Dinosaur Kentrosaurus aethiopicus from the Upper Jurassic of Tanzania, Journal of Vertebrate Paleontology, 31(3), 641-65

James F. Gillooly, Andrew P. Allen, Eric L. Charnov, 2006, Dinosaur fossils predict body temperatures. PLoS Biol., 4(8), e248.

Lars Schmitz, Ryosuke Motani, 2011, Nocturnality in Dinosaurs Inferred from Scleral Ring and Orbit Morphology, Science, vol.332, pp.705-708

Lawrence M. Witmer, Ryan C. Ridgely, 2009, New Insights Into the Brain, Braincase, and Ear Region of *Tyrannosaurs* (Dinosauria, Theropoda), with Implications for Sensory Organization and Behavior, THE ANATOMICAL RECORD 292, 1266-1296

Phillip. L. Manning, Nicholas P. Edwards, Roy A. Wogelius, Uwe Bergmann, Holly E. Barden, Peter L. Larson, Daniela Schwarz-Wings, Victoria M. Egerton, Dimosthenis Sokaras, Roberto A. Mori, William I. Sellers, 2013, Synchrotron-based

chemical imaging reveals plumage patterns in a 150 million year old early bird, J. Anal. At. Spectrom., 28, 1024-1027
Quanguo Li, Ke-Qin Gao, Qingjin Meng, Julia A. Clarke, Matthew D. Shawkey, Liliana D'Alba, Rui Pei, Mick Ellison, Mark A. Norell, Jakob Vinther, 2012, Reconstruction of *Microraptor* and the Evolution of Iridescent Plumage, Science, Vol. 335, pp.1215-1219
W.I. Sellers, P.L. Manning, T. Lyson, K. Stevens, L. Margetts, 2009, Virtual Palaeontology: Gait Reconstruction of Extinct Vertebrates Using High Performance Computing. Palaeontologia Electronica Vol. 12, Issue 3, 11A, 26p

〈第４章〉

【一般書籍（和書）】

『失われた恐竜をもとめて』 著：ウィリアム・ナスダーフト＆ジョシュ・スミス，2003年刊行，ソニー・マガジンズ
『大人の恐竜大図鑑』 監修：小林快次，藻谷亮介，佐藤たまき，ロバート・ジェンキンズ，小西卓也，平山廉，大橋智之，冨田幸光，執筆：土屋健，2013年刊行，洋泉社
『恐竜時代Ｉ』 著：小林快次，2012年刊行，岩波ジュニア新書
『世界恐竜発見史』 著：ダレン・ネイシュ，2010年刊行，ネコ・パブリッシング
『爬虫類の進化』 著：疋田努，2002年刊行，東京大学出版会
『ホルツ博士の最新恐竜事典』 著：トーマス・R・ホルツ Jr, 2010年刊行，朝倉書店

【一般書籍（洋書）】

『Dinosaur Paleobiology』 著：Stephen L. Brusatte, 2012年刊行，Wiley-Blackwell

【WEBサイト】

DARREN NAISH: TETRAPOD ZOOLOGY
http://darrennaish.blogspot.jp/2006/11/dinosauroids-revisited.html

【学術論文など】

Andrew R. C. Milner, Jerald D. Harris, Martin G. Lockley, James I. Kirkland, Neffra A. Matthews, 2009, Bird-Like Anatomy, Posture, and Behavior Revealed by an Early Jurassic Theropod Dinosaur Resting Trace. PLoS ONE, 4(3), e4591

Anthony Romilio, Ryan T. Tucker, Steven W. Salisbury, 2013, Reevaluation of the Lark Quarry dinosaur Tracksite (late Albian-Cenomanian Winton Formation, central-western Queensland, Australia): no longer a stampede?, Journal of Vertebrate Paleontology, 33 : 1, 102-120

Christa Stratton, 2007, Definitive Evidence Found of a Swimming Dinosaur, GSA Release No. 07-22

Donald M. Henderson, 2014, Tipsy punters: sauropod dinosaur pneumaticity, buoyancy and aquatic habits, Proc. R. Soc. B, 271, S180-S183

Eva Maria Griebeler, Nicole Klein, P. Martin Sander, 2013, Aging, Maturation and Growth of Sauropodomorph Dinosaurs as Deduced from Growth Curves Using Long Bone Histological Data: An Assessment of Methodological Constraints and Solutions, PLoS ONE, 8(6), e67012

Henry C. Fricke, Justin Hencecroth, Marie E. Hoerner, 2011, Lowland-upland migration of sauropod dinosaurs during the Late Jurassic epoch, Nature, Vol. 480, p513-515

石垣忍，2013，獣脚類は協力集団狩猟をしたか？，日本古生物学会第 162 回例会予稿集, p33

Masato Fujita, Yuong-Nam Lee, Yoichi Azuma, Daqing Li, 2012, UNUSUAL TRIDACTYL TRACKWAYS WITH TAIL TRACES FROM THE LOWER CRETACEOUS HEKOU GROUP, GANSU PROVINCE, CHINA, PALAIOS, 2012, v. 27, p. 560-570

Rubén Ezquerra, Stéfan Doublet, Loic Costeur, Peter M. Galton,

Felix Pérez-Lorente, 2007, Were non-avian theropod dinosaurs able to swim? Supportive evidence from an Early Cretaceous trackway, Cameros Basin (La Rioja, Spain), Geology, 35, 507-510

Stephen L. Brusatte, Mark A. Norell, Thomas D. Carr, Gregory M. Erickson, John R. Hutchinson, Amy M. Balanoff, Gabe S. Bever, Jonah N. Choiniere, Peter J. Makovicky, Xing Xu, 2010, *Tyrannosaur* Paleobiology: New Research on Ancient Exemplar Organisms, Science, vol. 329, p1481-1485

Xing Xu, Mark A. Norell, 2004, A new troodontid dinosaur from China with avian-like sleeping posture, Nature, vol. 431, p838-841

〈第５章〉

【一般書籍（和書）】

『恐竜・古生物 ILLUSTRATED』 編集：土屋健，2010年刊行，ニュートンプレス

『恐竜時代Ｉ』 著：小林快次，2012年刊行，岩波ジュニア新書

『ホルツ博士の最新恐竜事典』 著：トーマス・R・ホルツ Jr, 2010年刊行，朝倉書店

【一般書籍（洋書）】

『Dinosaurus A Field guide』著：Gregory S. Paul, 2010年刊行，A&C Black

『The Carinivorous Dinosaurus』 著：Kenneth Carpenter, 2005年刊行，Indiana University Press

『The Dinosauria』2004年刊行，University of California Press

【企画展公式カタログ】

『恐竜博 2011』 国立科学博物館

【学術論文】

Darla K. Zelenitsky, François Therrien, Yoshitsugu Kobayashi, 2009, Olfactory acuity in theropods: palaeobiological and evolutionary implications, Proc. R. Soc. B, 276, 667-673

Enpu Gonga, Larry D. Martinb, David A. Burnhamb, Amanda R. Falkc, 2009, The birdlike raptor *Sinornithosaurus* was venomous, PNAS, vol. 107, no. 2, 766-768

James O. Farlow, Shoji Hayashi, Glenn J. Tattersall, 2010, Internal vascularity of the dermal plates of *Stegosaurus* (Ornithischia, Thyreophora), Swiss J Geosci, DOI 10.1007/s00015-010-0021-5

John B. Scannella, John R. Horner, 2010, *Torosaurus* Marsh, 1891, is *Triceratops* Marsh, 1889 (Ceratopsidae: Chasmosaurinae): Synonymy Through Ontogeny, Journal of Vertebrate Paleontology, 30(4):1157-1168

John R. Horner, Mark B. Goodwin, 2006, Major cranial changes during *Triceratops* ontogeny, Proc. R. Soc. B, 273, 2757-2761

John R. Hutchinson, Karl T. Bates, Julia Molnar, Vivian Allen, Peter J. Makovicky, 2011, A Computational Analysis of Limb and Body Dimensions in *Tyrannosaurus rex* with Implications for Locomotion, Ontogeny, and Growth, PLoS One, 6(10), e26037

Joseph E. Peterson, Michael D. Henderson, Reed P. Scherer, Christopher P. Vittore, 2009, Face biting on a juvenile Tyrannosaurid and behavioral implications, PALAIOS, vol. 24, p780-784

K. T. Bates, P. L. Falkingham, 2012, Estimating maximum bite performance in Tyrannosaurus rex using multi-body dynamics, Biol. Lett, vol.8, no.4, p660-664

Michael D. D'Emic, Jeffrey A. Wilson, Richard Thompson, 2010, The end of the sauropod dinosaur hiatus in North America, Palaeogeography, Palaeoclimatology, Palaeoecology, 297, 486-490

Michael P. Taylor, 2010, Sauropod dinosaur research: a historical review, Sauropod dinosaur research: a historical review, Geological Society, London, Special Publications 2010,

v.343, p361-386
Nicholas R. Longrich, Daniel J. Field, 2012, Torosaurus Is Not *Triceratops*: Ontogeny in Chasmosaurine Ceratopsids as a Case Study in Dinosaur Taxonomy, PLoS ONE, 7(2), e32623
Nicholas R. Longrich, John R. Horner, Gregory M. Erickson, Philip J. Currie, 2010, Cannibalism in *Tyrannosaurus rex*, Plos ONE, 5(10), e13419
Richard J. Butler, Laura B. Porro, Peter M. Galton, Luis M. Chiappe, 2012, Anatomy and Cranial Functional Morphology of the Small-Bodied Dinosaur *Fruitadens haagarorum* from the Upper Jurassic of the USA, PLoS ONE, 7(4), e31556
Richard J. Butler, Peter M. Galton, Laura B. Porro, Luis M. Chiappe, Donald M. Henderson, Gregory M. Erickson, 2010, Lower limits of ornithischian dinosaur body size inferred from a new Upper Jurassic heterodontosaurid from North America, Proc. R. Soc. B, 277, 375-381
Shoji Hayashi, Kenneth Carpenter, Mahito Watabe, Lorrie A. Mcwhinney, 2012, Ontogenetic Histology of *Stegosaurus* plates and spikes, Palaeontology, vol. 55, Part 1, p145-161
Shoji Hayashi, Kenneth Carpenter, Torseten M, Scheyer, Mahito Watabe, Daisuke Suzuki, 2010, Function and evolution of ankylosaur dermal armor, Acta Palaeontol. Pol. 55 (2): 213-228
Victoria Megan Arbour, 2009, Estimating Impact Forces of Tail Club Strikes by Ankylosaurid Dinosaurs, PLoS One, vol. 4, Issue 8, e6738
Xing Xu, Kebai Wang, Ke Zhang, Qingyu Ma, Lida Xing, Corwin Sullivan, Dongyu Hu, Shuqing Cheng, Shuo Wang, 2012, A gigantic feathered dinosaurs from the Lower Cretaceous of China, Nature, vol. 484, p92-93

切りとり線

★読者のみなさまにお願い

この本をお読みになって、どんな感想をお持ちでしょうか。祥伝社のホームページから書評をお送りいただけたら、ありがたく存じます。今後の企画の参考にさせていただきます。また、次ページの原稿用紙を切り取り、左記まで郵送していただいても結構です。

お寄せいただいた書評は、ご了解のうえ新聞・雑誌などを通じて紹介させていただくこともあります。採用の場合は、特製図書カードを差しあげます。

なお、ご記入いただいたお名前、ご住所、ご連絡先等は、書評紹介の事前了解、謝礼のお届け以外の目的で利用することはありません。また、それらの情報を6カ月を越えて保管することもありません。

〒101‐8701（お手紙は郵便番号だけで届きます）
祥伝社新書編集部
電話03（3265）2310
祥伝社ホームページ　http://www.shodensha.co.jp/bookreview/

★本書の購買動機（新聞名か雑誌名、あるいは○をつけてください）

＿＿＿＿新聞の広告を見て	＿＿＿＿誌の広告を見て	＿＿＿＿新聞の書評を見て	＿＿＿＿誌の書評を見て	書店で見かけて	知人のすすめで

★100字書評……大人のための「恐竜学」

名前

住所

年齢

職業

小林快次　こばやし・よしつぐ

北海道大学総合博物館准教授。大阪大学総合学術博物館招聘准教授。1971年福井県生まれ。ワイオミング大学地質学地球物理学科卒業。サザンメソジスト大学地球科学科で博士号取得。日本では数少ない恐竜を専門とする研究者。著書に『恐竜時代Ｉ』、共編著に『日本恐竜探検隊』（ともに岩波ジュニア新書）など。

土屋健　つちや・けん

オフィス ジオパレオント代表。サイエンスライター。埼玉県生まれ。金沢大学大学院自然科学研究科で修士号を取得（専門は地質学、古生物学）。科学雑誌『Newton』の記者編集者を経て独立し、現職。近著に『そして恐竜は鳥になった』（誠文堂新光社）、『大人の恐竜大図鑑』（洋泉社）など。

大人《おとな》のための「恐竜学《きょうりゅうがく》」

小林快次《こばやしよしつぐ》／監修　土屋健《つちやけん》／著

2013年10月10日　初版第１刷発行
2016年９月10日　　　第２刷発行

発行者……………辻　浩明
発行所……………祥伝社しょうでんしゃ
〒101-8701　東京都千代田区神田神保町3-3
電話　03(3265)2081(販売部)
電話　03(3265)2310(編集部)
電話　03(3265)3622(業務部)
ホームページ　http://www.shodensha.co.jp/

装丁者……………盛川和洋
印刷所……………萩原印刷
製本所……………ナショナル製本

Printed in Japan　ISBN978-4-396-11338-4　C0245

〈祥伝社新書〉

ベストセラー！　大人が楽しむ理系の世界

190

発達障害に気づかない大人たち

ＡＤＨＤ・アスペルガー症候群・学習障害……全部まとめてこれ一冊でわかる！

福島学院大学教授 星野仁《よし》彦《ひこ》

229

生命は、宇宙のどこで生まれたのか

「宇宙生物学（アストロバイオロジー）」の最前線がわかる！

国立天文台研究員 福江　翼

234

9回裏無死1塁でバントはするな

まことしやかに言われる野球の常識を統計学で検証！

東海大学准教授 鳥越規《のり》央《お》

242

数式なしでわかる物理学入門

物理学は「ことば」で考える学問である。まったく新しい入門書

神奈川大学名誉教授 桜井邦《くに》朋《とも》

290

ヒッグス粒子の謎

なぜ「神の素粒子」と呼ばれるのか？　宇宙誕生の謎に迫る

東京大学准教授 浅井祥《しょう》仁《じ》